知识生产的原创基地
BASE FOR ORIGINAL CREATIVE CONTENT

颉腾商业
JIE TENG BUSINESS

思考的方法

[英] 爱德华·德博诺（Edward De Bono） 著
杨晓宇 译

DE BONO'S THINKING
COURSE
(NEW EDITION)
POWERFUL TOOLS
TO
TRANSFORM
YOUR THINKING

华龄出版社
HUALING PRESS

北京市版权局著作权合同登记号　图字：01-2024-3530 号

图书在版编目（CIP）数据

思考的方法 /（英）爱德华·德博诺著；杨晓宇译．
-- 北京：华龄出版社，2024. 9．-- ISBN 978-7-5169
-2841-7

Ⅰ．B80

中国国家版本馆 CIP 数据核字第 2024J7A477 号

策　划　颉腾文化
责任编辑　王　慧　　　**责任印制**　李未圻

书　名	思考的方法	**作　者**	[英] 爱德华·德博诺（Edward de Bono）
出　版 **发　行**	华龄出版社 HUALING PRESS	**译　者**	杨晓宇
社　址	北京市东城区安定门外大街甲 57 号	**翻译支持**	云彬翻译社区
发　行	（010）58122255	**邮　编**	100011
承　印	文畅阁印刷有限公司	**传　真**	（010）84049572
版　次	2024 年 9 月第 1 版	**印　次**	2024 年 9 月第 1 次印刷
规　格	880mm × 1230mm	**开　本**	1/32
印　张	6.5	**字　数**	107 千字
书　号	ISBN 978-7-5169-2841-7		
定　价	59.00 元		

推荐序 Foreword

你了解思考的方法吗？你善于思考吗？我们每天都在思考，但很多时候，我们并不善于思考，也很少会静下心来学习关于思考的方法。

爱德华·德博诺教授绝对是研究思考技术的先驱，他独创的六顶思考帽和水平思考法在全球被广泛应用。在他的这本新书中，我也看到很多精彩的内容和案例。比如，在讲到如何思考他人的时候，德博诺教授认为我们应该放弃对抗和争论，运用建设性思维进行探索。所以他提出了展望法，意思就是先以中立、客观的态度去发现对方的地形图，再通过创造性的方式让双方的观点融合。

想要充分了解他人的观点，不是需要思考双方的立场，而是要思考多方的立场。比如，要解决工厂经营的问题，需要同时关注工厂所有者、经理、工人、工会和家属的立场。想要影响他人，不用直接改变他人的观念，可以从改变他人的环境着手。因为德博诺教授说，每个人做事都有自己的“逻辑泡泡”，对方所处的环境改变了，自然就会形成新的合理的行为逻辑，你的目标也就更容易达成。这让我想起了中国经典的兵法之一“围魏救赵”。可见，中西方的智慧往往是相通的。

德博诺教授还将思考的方法比作游泳技术，我们之所以学习游泳技术，一方面是为了在危机时刻救命，另一方面是因为游泳是一种提升生命品质的运动，是一种享受健康美好生活的方式。所以学会思考不但可以帮助我们解决重要的生存问题，也能够给我们带来快乐。

书中讲到，我们可以建立起自己的思考俱乐部，把它当作一种生活乐趣。思考俱乐部是享受思考的地方，不是争论、捍卫观点的地方，你可以对一个主题进行开放性探讨和客观评估。在这里不需要必须想出正确答案，也不会进行考试，思考俱乐部是为想学习思考方法、享受思考乐趣的人而设立。

期待每位小伙伴都能善于用脑、善于思考，在生活中建立起自己的思考俱乐部。

宋　莹

国家三级心理咨询师

美国培训认证协会（AACTP）国际职业认证讲师

引言 Introduction

我们的学校很少教学生思考的技能，这一点很令人吃惊。有的人认为，能够获取充分的信息，并且有足够的智力支撑，这就足够了，但这样的想法我不敢苟同。智力如同汽车的马力，而思考则是开车技巧。有的人智力超群却不会思考，有的人智力平平但善于思考。

我曾参与过一个政府项目，为失业的年轻人讲 5 个小时的思考课。这个课程使得他们的就业率提升了 5 倍。这些年轻人当初觉得自己很笨，于是离开了校园，当他们意识到自己其实并不笨的时候，便有了找工作的自信，并且能够在岗位上坚持下去。

虽然会有一部分课程是关于思考的，但它们大多数是关于逻辑、批判性思维、分析等方面的。这些内容的确很有价值，但它们只是思考中很小的一部分。一辆汽车不能没有左前轮，但只有左前轮的汽车是跑不动的。

哈佛大学戴维·珀金斯教授的研究显示，思考中 90% 的错误并非逻辑错误，而是感知错误。著名的哥德尔定理表明，在一个体系内，我们无法在逻辑上证明它的起点是对的。如果你的感知不正确，那么无论逻辑多么完美，其结论都必然是错误的。

本书中提出的方法均与感知型思考有关：我们是如何看待世界的？如何提高自己的感知能力？30 多年以来，我们在全球范围内讲授这些思考方法。在南非，一个矿地每月发生的冲突事件多达 210 起，不识字的矿工们学习了这些思考方法之后，该矿地每月只发生约 4 起冲突事件。

在空间中，我们有四个特定方向：东、西、南、北。本书为大家提供了感知的几个方向。如果没有这些方向的指导，我们的感知只会朝着自己感兴趣或符合自己情感的方向发展。

这里所说的感知方向是思考的框架。如果你能清晰地认识世界，那么你的思考和行动也会是恰当的。

学习思考能帮助你掌控自己的生活。你会独立思考、独立判断，而不是被环境、情绪和他人牵着鼻子走。

这些思考方法得到了大量的实践和验证：从四岁孩童到耄耋老人，从唐氏综合征儿童到诺贝尔奖获得者，从目不识丁的矿工到公司高管……这些都是很简单却很有力的思考方法。

目录 Contents

1

思考是一种可以学习的技能

有两种说法：

1. 思考与智力有关，而智力是由基因决定的。你无法改变自己的思考方式，就像无法改变自己瞳孔的颜色一样。

2. 我们可以通过训练、实践或学习来提高思考技能。思考与其他技能并无二致，只要有决心，我们就能更好地掌握这项技能。

这两种截然相反的观点可以很好地放到同一个例子里。

智力如同汽车的马力。也许我们的智力已成定数，至少部分是由基因决定的。即便如此，有证据显示，思考方式能够改变大脑中酶的特性，就像锻炼肌肉能够改变肌肉的特性一样。

汽车的性能不仅取决于马力，还要看驾驶人的驾驶技能。因此，如果说智力相当于马力，那么思考就相当于使用马力的能力。

智力是潜质，而思考是操作技巧。

如果必须定义思考，我会这样表述：“思考是一种操作技能，通过这种技能，智力才能作用于实践。”

如果进一步探讨汽车这个类比，我们能够得出以下两个重要结论：

1. 如果你的车性能优良，那么你需要提高自己的驾驶技能。如果你不提高驾驶技能，就不能充分利用汽车强劲的动力，甚至可能会给他人带来危险。同理，高智商的人需要提高他们的思考技能，这样才能使他们的智力充分发挥作用。智力中很大一部分潜力就是因为缺乏思考技能而被白白浪费了。

2. 如果你的车性能一般，那你也要提高自己的驾驶技能，这样才能弥补性能上的不足。因此，如果你认为自己智力平平，那么可以通过提升思考技能来改善表现。

你是否陷入了智力陷阱

我在思考领域从事研究工作已经有 25 年了，多年来的经验告诉我，很多自认为智商很高的人不一定善于思考。他们陷入了智力陷阱。这一陷阱包含很多内容，这里我仅列举两点。

第一，高智商的人通常会利用高超的智商为自己的观点进行辩护，而且智商越高，他的辩护就越有力。辩护越有力，他越不会去寻找其他的可能性或者倾听他人的看法。如果你觉得自己很正确，那何必再去做这些事情呢？于是，很多高智商的人陷入匮乏的思考中，因为他们善于为自己辩护。

第二，如果一个人从小到大一直被灌输自己的智商高于身边的人（也许的确如此），那么这个人就会想要从智商上找到优越感，而最快、最有效的方法便是“证明别人是错误的”。这样的策略不仅见效快，而且可以增加优越感；相反，做一些建设性的事情却见效很慢，比如提出一个新的观点，你可能要花几年时间才能证明它行得通，这还要建立在你的听众喜欢这个新观点的基础上。显然，人们往往更喜欢把智力花在批评与破坏上。西方有一种观点：我们掌握“批判性思维”足矣。这种荒谬的观点无疑使情况雪上加霜。

在学校和以后的生活中，大多数人不得不一直思考，关于工作和工作以外的生活，这些实践真的能使我们更加善于思考吗？

遗憾的是，练习不一定能提高技能。

假设一位记者每天要打几百字乃至几千字，直到 60 岁那年，他依然在用两个手指打字，那么他是不可能熟练掌握盲打这项技能的。

所以，如果多年来你一直在练习落后的思考方式，那么你最终只能熟练地掌握落后的思考方式。

如果那位记者专门去学习盲打，即便上了年纪，他依然能掌握盲打技能。同样，仅仅练习思考是不够的，我们需要关注思考方式。这本书正是有关思考方式的。

如何教授思考技能

教育的主要目的是“教学生如何思考”，世界上任何教育系统都不会否认这一点。可是，它们真的做到这一点了吗？

如果一位厨师只会做意大利面，那他算得上一位很好的厨师吗？如果一辆汽车只有左前轮，那这辆车能够行驶吗？意大利面和左前轮都很重要，但是只有它们就足够了吗？

有多少学校将“思考”作为一门单独的学科放入学校的课程？为什么不呢？如果思考技能如此重要，为什么不直接教给大家呢？

对于这个问题有几种“回答”：

1. 学校教育从未教过思考，因此现在也不应该教。教育陷入了传统的陷阱，决策者的经验和价值观仅仅建立在过去的基础上，但世界是不断变化的。

2. 在一个稳定的世界里，传授“信息”就已经足够了，因为这些信息会贯穿学生的一生，不会改变。信息能够告诉我们应该做什么，而思考是非必要的。“古希腊三贤”苏格拉底、柏拉图和亚里士多德构建了一种观点，即“知识”就是一切，只要有了知识，其他事情便水到渠成。同样，这也是一种陈旧的谬论。只有知识是不够的，思考的创造性、建设性以及设计和操作的能力与“知识”同样重要。

3. 人们认为“思考”在其他学科（如地理、历史等）的教学过程中已经充分教给学生了。这是一种可怕的谬误。老师可能确实将某些思考技能（如分析、信息分类、论证等）教给了学生，但在学业之外的生活中，我们会用到诸多思考技能。学校教的只是其中很小的一部分，很多思考技能是学业中未涉及的。就我在商业领域的多年经验来看，有些人的分析和判断能力是很欠缺的。

4. 一些人教条地认为，思考是不可能被直截了当地教给他人的，尽管有大量证据表明并非如此。他们的观点是，思考不是一门单独的学科，必须融入其他学科中，比如“科学思考”“历史思考”等。虽然每个学科都有自己的语言、需求和模型，但有些基本程序是各领域通用的。比如，“评估优先级”“寻求替代方案”“建立假说”“生成新观点”等，这些内容适用于任何领域。

5. 在实际的教学过程中，老师无法直接讲授思考。其实讲授思考有很多切实可行的方法。比如，CoRT 思考课[①] 多年来传入了很多国家，不同文化背景、不同能力的人都可以学习这门课程。在委内瑞拉，每一个学龄儿童每周都要花两个小时学习思考，这一要求贯穿于他们的整个教育过程。在马来西亚，理科高中在十几年前就已经开设思考课了。在新加坡、澳大利亚、新西兰、加拿大、墨西哥以及美国，CoRT 思考课项目已经应用于很多学校和学区。在佛罗里达州的戴德县（美国第四大县），

① CoRT 思考课：也叫柯尔特思考训练。CoRT 是 cognitive research trust 的首字母缩写词，意为认知研究基金。——译者注

我的“六顶思考帽”项目已经进行了几年时间。到目前为止，约翰·爱德华兹教授的研究最能证明开授思考课程的影响之大。爱德华兹教授任教于澳大利亚昆士兰州汤斯维尔市的詹姆斯库克大学，他的研究证明，即使时长只有7小时的思考课也能发挥巨大的作用。在这些方面，英国远远落后了。

如何培养批判性思维

少部分学校的确会开设批判性思维课程，批判性思维是思考的一个重要部分，但仅掌握批判性思维是不够的。就像是汽车的左前轮，车轮本身很好，但只有左前轮的车是跑不动的。

批判性思维延续了“古希腊三贤”建立的对于思考的陈旧观点，即分析、判断和论证就已经足够了。只要找到“真理”，其他的事便水到渠成；只要去除“非真理”，我们便完成了任务。

“批判性”（critical）一词源自希腊语“kritikos”（判断）。批判性思维有一定的地位和意义，但它缺乏生成性、产出性、创造性和设计性，而这些特质对于思考来说至关重要。精于批判性思维的人是无法凭空展开批判的，必须先有人提出一个建设性的提议，他们才能就这个提议展开批判。

世界上很多现有的问题迟迟得不到解决，就是因为传统教育错误地认为单凭分析、判断和论证就已经足够了。

我们在科技上的成功并非源于批判性思维，而是源于可能性系统。在我们获得充足的信息之前，可能性系统就已经先行驱动了，并创造出了各种假设和愿景。这就给我们提供了一种看待事物的框架和努力的方向。批判性思维的确有它的价值，因为如果你知道自己的假设会面临批判，就会想办法让这个假设变得无懈可击。然而,批判性地摧毁一个假设并不能产出一个更好的假设。能产出更好的假设的，唯有创造性思考。

在文化上，我们亟须破除满足于批判性思维的观念。此外，我们还要把目光更多地放在创造性、建设性和设计性思考上。

如何提升你的感知能力

除了一些高度技术化的事情之外，感知是思考中最重要的一种能力。感知反映了我们看待世界、考虑问题以及构建世界的方式。

哈佛大学戴维・珀金斯教授的研究显示，几乎所有的思考错误都是感知错误。在现实生活中，逻辑错误是非常罕见的，然而我们却执着地以为思考只要避开逻辑错误就足够了。

在计算机发展的初期,有一个首字母缩写词叫 GIGO（garbage in garbage out），即“错进错出”。也就是说，即使计算机的运算天衣无缝，如果人们输入的数据是错误的，那么它输出的内容必然是错误的。

逻辑也是如此。如果你的感知能力不足，无论逻辑多么完美，你的答案也会是错误的。诚然，逻辑错误会导致思考错误，但反过来不是这样：好的逻辑并不能成就好的思考。如果感知能力很差，好的逻辑依然只会带来错误的结果，甚至还会使人盲目自大，自以为答案是正确的。

本书重点研究感知而不是逻辑，这一点区别于大多数有关思考的书籍。

《思考的机制》《我对你错》这两本书中都曾提到，感知像是一个“自行组织的信息系统”。信息进入该系统后会建立起某种模式，我们的思考便受限于这种模式。因此，我们需要拓宽感知、改变感知（这就是创造力）。这些都是本书将要讨论的内容。

一些必要的工具

木匠拥有且能熟练使用许多木工工具，比如锤子、锯子、刨子、钻子。这些工具都有其特定的用途。有经验的木匠知道什么时候用什么工具，才能呈现出理想的效果。

本书将以类似的方式介绍几种基本的思考工具，这些工具非常简单，也非常实用。

你可以学习并练习使用这些工具，当熟练到一定程度时，你可以将这些工具应用到任何事情上。

这些工具是“注意力引导工具”。利用它们，我们可以将注意力引导到我们想要关注的事情上。没有它们的辅助，我们的注意力只会落入经验带来的模式陷阱中。

这些方法已经实践了30多年,效果非常好。它们学起来简单,练起来容易,用起来方便,比其他讲授思考的方法更加简便、有效。

教人们避免犯错是很局限的，就像是为了避免驾驶失误，干脆把车一直停在车库里一样。

有主题的辩论和讨论可以锻炼思考能力，但不会让人获得可迁移的技能。追随名师的思考路径也有效果，但这需要长期的接触，而且名师不是我们时时刻刻都能见到的。

每一种工具学起来都很简单，一旦掌握了就能直接用起来。我们的大脑中有很多“描述性”概念，比如桌子、商店、书本、教育等。

思考工具的作用是为大脑提供“执行性”概念，帮助思考在不同节点都能按照我们的预期运行。思考是一种可以提升的技能，只要你有这样的意愿。

本书介绍了一些最基础的工具，这些工具源于CoRT思考课，这门课程对不同学校、不同年龄、不同能力的人都很适用。

2

简单有效的思考工具

“兼听则明，偏信则暗”，这样告诫人们似乎收效甚微，他们往往一转眼就将其抛之脑后。人们常说自己会全盘考虑的，但其实他们并没有做到这一点。

基于此，我们的第一种思考工具是帮助大家对某件事进行全面掌握。本书中的每一种思考工具都有一个缩略名，便于我们识记，如果是一连串词语就起不到这样的效果。这些工具必须有很强的可操作性和应用性，每种思考工具都有一定的方法，初看之下也许不能理解，但每种方法都有它的道理。

我曾让 70 位非常聪明的年轻人写一篇文章：建议将婚姻变为每 5 年更新一次的合同。他们中有 67 人在文章的第一句话就提出了自己的观点，然后在接下来的文章中用论据论证这一观点。这种写作方式只是在支持自己已有的观点，完全没有对话题进行深度探索。然而，这种写作方式往往是人们最为推荐的。

正如前文中讲到的，传统思考方式的最大弊端是用它来支持已有的观点（而这种观点往往是靠着第一反应得来，未经深思熟虑，还带着些许偏见和保守）。这就是智力陷阱的主要问题之一，并且高智商的人更容易跌入这个陷阱。他们可以完美地为自己的观点辩护，不愿意把时间浪费在深入探究上。如果你认为自己是正确的并且可以证明这一点，那么何必再去深入探究呢。

PMI 是一种简单有效的思考工具，它简单到人们觉得自己此前已经在使用这种方法了。我们选这三个字母来命名，希望能好记一些，便于大家时刻提醒自己或他人“进行 PMI”。

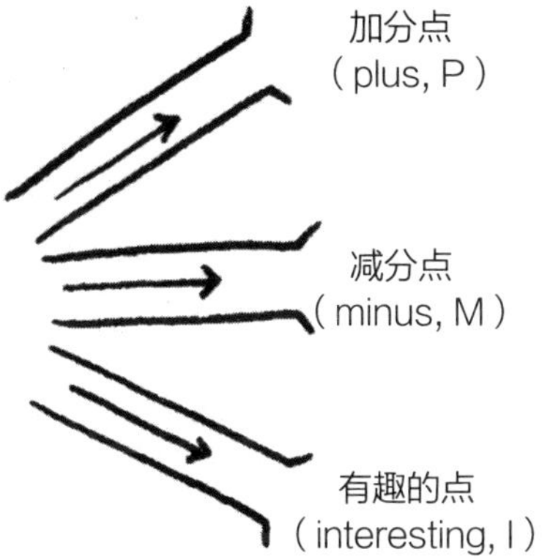

PMI 是一种注意力引导工具。使用这种工具时，你的注意力会首先集中在“加分点”上，然后是“减分点”，最后是“有趣的点”。这是一种对注意力的刻意训练，整个过程不超过 3 分钟。

PMI 是 CoRT 思考课中最先应用于学校的部分，这样做是因为只有当人们接受了 PMI 中的某些理念，之后的课程才有意义。

我曾受邀去澳大利亚的悉尼，向教育工作者们展示一堂 CoRT 思考课。课前，我询问了 30 名 10 ~11 岁的男孩，如果学校每周发给他们 5 英镑①，他们觉得如何。他们都很喜欢这个主意，纷纷告诉我自己想用这笔钱做什么（买糖、买漫画书等）。然后，我解释了 PMI 的含义并让他们从加分点、减分点和有趣的点三方面来分析这件事。他们 5 人一组进行了 3 分钟的讨论，结束后，每组派一名代表发言。他们提出了很多观点：

- 大一点的男孩会揍他们，把钱抢走。
- 父母不会给他们礼物或者零花钱了。
- 学校会提高用餐费用。
- 谁来决定不同年龄的孩子应该得到多少钱呢？
- 一些同学可能会为了这笔钱而争吵和打斗。
- 这笔钱由谁来出呢？
- 老师的工资会变少。
- 学校可能没有足够的资金购买校车了。

发言结束后，我再次问学生们，每周发给他们 5 英镑是不是个好主意。课前，30 名学生一致认为这个主意很棒，而经过这番讨论后，29 名学生改变了自己的想法，认为这不是个好主意。值得注意的是，学生们通过自主使用简单的思考工具带来了这样

---

① 1 英镑≈ 9.19 元人民币。

的改变。在此过程中，我没有打断他们，没有进行任何评述。

如果对“所有汽车都应该喷成黄色”这个建议进行一次 PMI 分析，我们可能会得出以下结果：

P（加分点）

- 便于在道路上被识别出来。
- 便于在夜间被识别。
- 无须纠结想要哪种颜色的车。
- 便于制造商生产。
- 经销商的库存变少。
- 人们可能不再认为拥有汽车是“男子气概”的象征。
- 汽车的作用仅仅是交通工具。
- 车辆之间出现轻微剐蹭时，蹭到你车上的漆跟你的车是同一种颜色。

M（减分点）

- 无趣。
- 难以找到自己的车。
- 在停车场找到自己的车难上加难。
- 偷车更容易了。
- 会产生视觉疲劳。
- 警方追车难度加大。

- 车祸目击者难以分辨情况。
- 失去了选择颜色的自由。
- 一些车辆喷漆厂可能会倒闭。

I（有趣的点）

- 是否会出现不同色度的黄色呢？
- 人们是否会认为喷成黄色有利于安全呢？
- 人们对汽车的态度是否会转变呢？
- 车饰是否需要区别于黄色呢？
- 这是强制执行的吗？
- 这项政策的支持者会是谁呢？

整个过程非常简单，难的是在我们对一个问题已经有了成见之后，如何刻意将注意力从一个方面转移到另一个方面。这种将注意力有意识地集中到某个方面的能力非常重要。一旦实现了这一步，下一个挑战便是尽可能多地找出加分、减分和有趣的点。因此，这个过程包括注意力的转移。我们不再用智力支持某个观点，而是运用智力探索整件事。

在探索结束后，我们可以利用情绪和感觉做出决定。不同的是，现在我们已经对问题进行了全盘考虑，而不是在未经思考之前就武断地凭情绪做决定。

培养你的全局视角

我们有时会把 CoRT 思考课比作一副眼镜。当一位近视患者戴上一副度数合适的眼镜时，他的视野会更加宽广、清晰。一个人的行为会随着视野而改变，他的价值体系也许没有任何变化，但现在同样的价值体系应用到了更宽广的视野上。PMI 等思考工具正是起到了眼镜的作用，它能够帮助我们更清晰、更全面地看待问题，然后再做出判断。

一个 13 岁的小女孩说，她起初觉得 PMI 是不必要的，因为她自认为非常清楚地知道自己的感受。然而，在分析了这件事的加分点、减分点和有趣的点之后，她发现自己的看法和感受也随之改变。这恰恰就是我们想要的结果。一旦我们列出了这些想法，每一条内容都必须被纳入我们的考虑范围，从而影响最终决定。

一次，有个男孩说，如果车辆都涂成黄色，我们就要时刻保持车辆清洁，这是一个加分点。另一个男孩说，需要保持清洁是一个减分点，因为这样他就要帮父亲擦车了。这两种观点都是正确的：将清洁视为加分点的男孩是对的，将清洁视为减分点的男孩也是对的。PMI 不关注观点背后的价值观，它不是一种价值判断。我们只是列出在 3 个方面中需要纳入考虑的点。这一区别非常重要。

一个女孩向南望去，她看到了教堂的尖顶；另一个在同村不同位置的女孩向北望去，她也看到了这座教堂的尖顶。那么，这座教堂是位于北边还是南边呢？显然两者都是对的。PMI 同理，

P 代表着一个审视的方向，就像“北边”一样。我们朝这个方向看去，看到了映入眼帘的事物，然后再朝另一个方向看去。PMI 的目的是进行有效的全面的审视，而不是赋予价值。

有人说，PMI 的目的是判断每个想法，然后将它们分门别类地放入“加分点”“减分点”和“有趣的点”这 3 个类别里。这种观点是错误的，全然违背了 PMI 的初衷。我们可以设想，在思考产生积极和消极影响的事物时，大脑内部所引发的化学变化可能存在着微妙的差异。

PMI 中的 I 有很多功能，可以囊括那些既不是加分点也不是减分点的想法。（需要注意的是，如果某一想法既属于加分点也属于减分点，那么可以将它归入两类。）I 有助于让人们跳出判断框架，分析想法中有趣的地方或随之带来的有趣的方面。我们在分析时可以使用这个句式：“有趣的是……”这样一来，我们便能扩充这一想法，而不是将它看作是静态的。

I 的另一个作用是，我们的一个想法可能会引出另一个想法，这就是想法的“动态价值”。关于这一概念，我将在本书的水平思考部分展开讨论。

最后，I 可以引导我们关注某个想法中有趣的方面，而不是判断这一想法的好与坏。一个真正善于思考的人会说：“我不喜欢你的这个想法，但它还是有一些有趣的点，比如……”这样的思考方式非常与众不同。

PMI 工具的使用方法

很多人说自己思考问题的时候会进行 PMI 分析，但他们通常是在自己犹豫不决、难以做出决定的时候才会用到这一方法。这并不是 PMI 的主要目的。恰恰相反，PMI 尤其应该在我们对事情深信不疑，即刻便得出了喜欢或不喜欢的结论时使用（比如在悉尼的那次实验，男孩们起初一致赞成学校每周发给他们 5 英镑的主意）。PMI 的目的是强迫我们形成一种思考习惯，在我们自认为没有必要进行 PMI 的时候也会使用这种方法。

比如，如果有人认为你的建议毫无价值，也就是说，他不假思索地进行了预判，你可以让他进行一次 PMI。PMI 避免了直白的反对和对立，是一种委婉的表达方式，因此非常好用。PMI 是让对方对问题进行全面的审视，而不是直接转变对方的想法。对方通常不会排斥这一提议，因为他会认为进行 PMI 只会支持自己已有的结论。

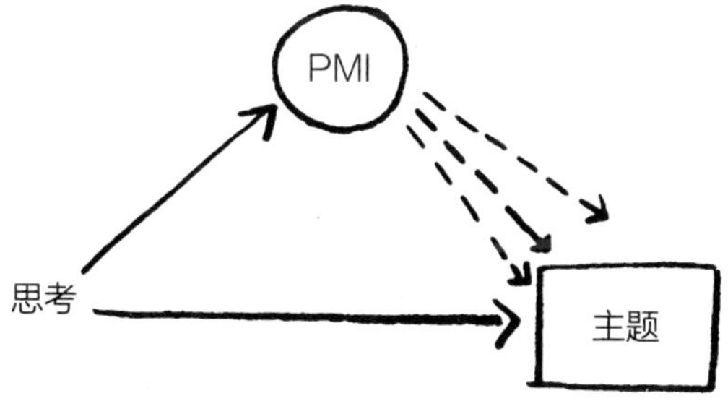

我曾对 140 位高管进行实验，根据其生日的奇偶性将他们随机分为两组。两组人得到的主题不同，一组是“货币应该标注发行年份，不同年份的货币汇率不同”，另一组是“婚姻应该变为每 5 年更新一次的合同”。我们收集了大家一开始对主题的看法，然后将两组人的主题交换。这一次，我们阐述了什么是 PMI，并且让大家先进行 PMI，再得出结论。如果大家之前做过此类分析，则两次收集的数据应该相差不大（因为是随机分组）。然而，两次收集的数据发生了很大变化：进行 PMI 之前，44% 的受试者支持货币标注发行年份，而进行 PMI 之后，这一数据下降到 11%。婚姻问题的数据恰恰相反：进行 PMI 之前，23% 的受试者支持这一建议，而进行 PMI 之后，这一数据上升到 38%。

进行 PMI 与“列举利与弊”并不相同，后者更像是一种判断。此外，PMI 中“有趣的点”可以引导我们思考利与弊之外的方面。

掌握 PMI 的两个步骤

拥有 PMI 分析框架后，我们不再草率地对情况做出即时的反应，再为自己的反应寻找合理化的借口。相反，我们采取了一个更加审慎和系统的过程：首先，我们刻意运用 PMI 分析框架来评估情况；其次，我们仔细观察 PMI 分析框架所提供的各项信息，再基于这些信息做出决策。这一过程类似于我们首先准备一张详尽的“地图”，然后根据这张“地图”上的指引来做出反应。这样，我们的决策会更加全面、准确，也更具策略性。

PMI 看似简单，但它的作用不可低估。我亲眼见证它力挽狂澜，将一次极度情绪化的会议扭转为对主题的理性探讨。一旦我们的感知被引导到特定的方向上，我们便能看到一些无法忽略的事情。

掌握 PMI 的关键是多加练习，可以进行自我练习，也可以与他人一起练习。PMI 像是一份缩写指南，3 个缩写字母能够集中我们的注意力。相比之下，如果我们劝说人们要权衡利弊，效果可能不太理想。

以下 6 个主题供大家练习，每个主题用时不超过 3 分钟：

1. 人人都应该佩戴显示自己当前心情的徽章，对于这个观点你怎么看？

2. 子女应该在多大程度上照顾自己的父母？

3. 为少年犯提供周末监狱是一个好主意吗？

4. 人们是否应该被允许表达，他们希望自己交的税用在哪些地方？

5. 录像机是否应该包含一块特殊芯片，使其无法放映暴力画面？

6. 市中心应该禁止私家车驶入吗？

思考替代方案

思考会倾向于支持某个已有的观点，这就是 PMI 非常重要的原因：它打破了思考的这种自然的倾向。同样，刻意寻找各种可能性是思考技能中极为重要的一部分，因为它也打破了思考的自然倾向。思考倾向于确定性、安全性和自以为是，这是由思考的运行方式决定的，这一点我将在后文中展开来讲。我们的大脑天生倾向于迅速确定事物，因为这能为其下一步行动提供明确的指引。然而，当面临多种可能性时，大脑往往会陷入困境，因为它无法同时处理多个方向的信息，特别是当这些可能性之间存在冲突时。这种不确定性往往导致大脑陷入犹豫和迷茫，使其难以做出决策。

一名好的医生会诊断病人的病情然后进行治疗。前面提到的困境可以用医生治病做一个类比。作为一名患者，你更希望遇到哪种医生呢？第一种医生基于大量经验迅速对你的病情做出诊断，他对自己的诊断结果和治疗方案相当自信；第二种医生对你进行了详细检查，尽可能多地列出了可能性并逐一验证，最终得出了诊断结果并进行对症治疗（但对诊断结果依然持开放态度）。在现实生活中，你可能更喜欢第一位自信满满的医生，不想听第二位犹豫不决的大夫给你描述病情的各种可能。但理智地来讲，第一位医生一旦误诊，后果将不堪设想。

通常情况下，我们的思考方式更接近于第一种医生，这是因为我们必须在生活中不断前行，而面临各种可能性常常导致我们踌躇不前。

我们需要发明一种工具来抵抗思考的这种天然属性。就像 PMI 一样，我们需要一种具体的操作方法，在需要寻找可能性的时候拿出来使用。这便是 APC 思考工具（A 代表 alternatives，替代方案；P 代表 possibilities，可能性；C 代表 choices，选择）。本章后文将详细说明它的使用方法。

简单的替代方案

有时，寻找替代方案既轻松又有乐趣，每当自己想出一种可能性时，愉悦感便会油然而生。下面的这幅简笔画本身没有任何特殊意义，请列出它可能指代的所有事物。你可以放下书尽情想象，也可以参考以下例子并进行补充：

- 两个充满氦气的气球；
- 插在小棒上的甜甜圈；
- 插在小棒上的圈形薄荷糖；
- 两朵花；
- 两棵树；
- （对眼矫治练习中的）靶子；
- 两根长管的末端；
- 静止的旱冰鞋；
- 俯视两位在阳台炒鸡蛋的厨师，等等。

这个任务既有趣又简单，但如果要穷尽所有可能性就非常困难了。对照答案去理解图形很简单，但从图形推测答案则很难。

如果桌子上有一杯水，如何在不破坏、不倾斜玻璃杯的前提下将水倒出来呢？同样，你可以把书放在一边静静思考，也可以参考以下例子并进行补充：

- 将水虹吸或抽出；

- 将水吹出；
- 加入洗涤剂将水变成泡泡；
- 利用毛细作用将水吸出（比如用一块布将水吸干）；
- 将水蒸发；
- 将水冻成冰然后取出；
- 使用离心机将水甩出；
- 向玻璃杯中装入沙子、鹅卵石或其他物品使水溢出；
- 使用海绵或吸水材料将水吸出；
- 向玻璃杯中放入装满水的气球使杯中的水溢出，等等。

这个任务也比较简单，因为有一些限制条件（可行性、成本、体积等）。

较难的替代方案

多年前，我在圣三一学院跟著名数学家利特尔伍德教授共进晚餐时，谈起了如何让计算机学会下棋。我们都觉得下棋是一种比较困难的游戏，因为棋子很多，棋子的走法更多。设计一款尽可能简单又需要一定技巧的下棋游戏是个很有趣的挑战。最终，我设计了一款“L 游戏”：两个 L 形棋子代表玩家双方，两个圆形棋子是中立方，玩家双方交替将自己的 L 形棋子挪动到空格处（平移、翻转或挪动到棋盘的任何空格处）。然后，玩家可以在两个圆形棋子中选择任何一个挪至新位置，也可以选择不挪。游戏的目标是困住对方的 L 形棋子，使其无处可挪。

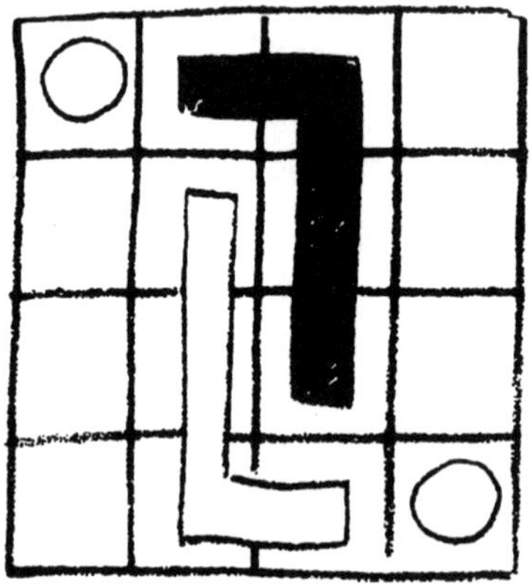

上图所示为游戏的开局位置。先手方有多少种挪动 L 形棋子的方案呢？我认为，如果将圆形棋子的挪动也考虑在内，那么一共有 60 种方案。对于不了解这款游戏的人来说，他们可能并不知道原来方案有这么多。

再举一个例子。将一个正方形平均分为 4 份，每一份的面积和形状相同，一共有多少种方法？一般来说，大多数人可以迅速想到 6~7 种方法。实际上，有无数种方法都可以做到这一点，并且分割成什么图形也有无数种可能。在这一任务中，一些方案不太容易想到，可是一旦有人提出，我们就会豁然开朗。

真正的困难

找到替代方案并不难（也许找得越多越有难度，但要想穷尽几乎是不可能的）。真正的难题是迈出第一步——下决心去寻找。

一次，我要赶一趟从洛杉矶飞往多伦多的早班机，于是我将酒店房间有闹钟功能的收音机设定为凌晨4:30将我叫醒。时间一到，闹钟响了。我按下贪睡键，以免打扰隔壁休息，也让自己再休息几分钟。但是，贪睡键失灵了。我又按下关闭键，关闭键也失灵了。我将闹钟调到收音机模式，还是不管用。我试图重置闹钟时间，没用。我把闹钟的电源插头拔下，依旧徒劳（这倒是不稀奇，因为很多这样的闹钟有内置电池，以防短时电路故障）。我用枕头盖住闹钟，它还在响。此时的我似乎只有两个选择：要么给前台打电话，询问如何才能关掉闹钟；要么直接把它扔到水里。就在那一刻，我突然意识到这声音并不是来自酒店闹钟，而是来自我先前定好时间的一个自己带的小闹钟。我竟然完全忘了有这回事。

这件事给我的教训是，整个过程中我竟然没有停下来好好想一想，铃声的来源是否还有其他可能。我想当然地认为闹钟声是酒店的收音机闹钟发出的声音，根本没有想过寻找其他可能性。但凡我停下来想一下，可能就省下了很多麻烦。许多自认为很有想象力的人也时常犯这种错误。

一次，我在澳大利亚开讲座。第一天，一位计算机行业的中年男人表示不太认同水平思考的意义。第二天，在中场休息结束后，他来找到我，态度比之前热情了，他说："我喝咖啡一直喜欢放两包糖，这个习惯有 25 年了。之前我会先撕开一包，再撕开另一包。今天，我不知不觉地把两包糖叠放在一起，同时撕开。这样简单多了。"

不满足于"足够了"

有一个小实验很有启发意义。地面上有两块板子，板子的一端有一个小洞，板面上缠着一段绳子。现在，你要借助这两块板子穿过房间，身体和衣服不能接触地面。

有人会踩着一块板子，将另一块铺到前面，然后挪到前面的板子上，以此类推。这种铺路的办法可行，但很慢。

大多数人会想到用绳子将双脚绑在板子上，就像踩在滑雪板或滑雪鞋上那样，一步一步走过去。

还有一个更好的办法，但参与实验的人没有想到。我们只用一块板子，将绳子拴在板子一端的小洞上，双脚踩在板子上，然后向前跳跃穿过房间，边跳边拉着绳子，使板子贴合脚底。这种方式的速度会更快一些。

第二种方法似乎已经足够好了，于是我们觉得没有必要寻找更好的方法。这种满足于“足够了”的心态，恰恰成为我们寻找更优方案的绊脚石，使我们故步自封。

在《生活中的思考术》一书中，我提出了“小镇维纳斯效应”。在一个十分偏远（连 TXT 文件都没有）的小镇上，人们觉得，镇上最美的女孩就是全世界最美的女孩。他们无法想象有谁会比镇上最美的女孩还要美丽，直到见过更美的女孩才会意识到原来人外有人。在科学、工业、政府及其他领域也会遇到类似的事情。我们对已经拥有的东西感到满足，这种满足限制了我们的想象，我们想象不出更优解，因此也丧失了寻求更优解的动力。只有当我们有意愿寻找更优解时，才会下定决心。即使大多数情况下我们找不到更好的方案，但我们依然会花时间思考它。

在《生活中的思考术》中，我还提出了“德博诺第二定律”，它的含义很简单：“试图求证，可能只是因为缺乏想象力。”

我们之所以相信某个假说或解释，是因为自己想不出有其他解释。一个经典的例子就是达尔文的进化论。这一理论听起来有理有据、非常可信，但同时它也无法被证明。我们之所以认同进化论是因为缺乏想象力，换句话说，我们想象不出一个更合理的机制。同理，我们之所以否认拉马克的进化理论，是因为觉得该理论怎么可能是真的。达尔文的部分理论实际上是在重复自己的结论：如果一个物种生存下来了，那么该物种就是幸存者。他的进化论尤其适用于细菌、病毒等，它们的更新迭代比人类快几千倍。而后，通过基因转换，这些变化转移到了动物身上。或许，我们会有非基因带来的进化，比如受化学物质影响，而这些影响可能会通过母婴传播一代又一代地延续下去（这种观点类似于拉马克的进化论）。

总之，这种看似“足够”有道理的理论，正是科学界取得突破的最大障碍。但如果将科学的大门完全敞开，接受一切匪夷所思的遐想，似乎也不太实际。

在现实中，科学界的一般做法是：先接受某个假说，直到找到能反驳它的证据，然后接受一个更有道理的假说。为了反驳某个假说，我们会开展一系列实验，但其实我们更希望这个假说能够得到证实（这就是人性和自负的需要）。这一方法的最大缺陷是，我们的视角和寻找证据的方向，都被这个既定的假说所限制。只有当我们在求证过程中出现失误或意外时，才有可能获得其他方向的突破。那么，我们应该怎么做呢？简言之就是改变惯例。我们不再紧紧抓着现成的假说不放，而是将更多的精力放在寻找更多可能性上。这样做不是为了否定既有的假说，而是为了打开看待事情的视野。可惜，科学家跟大多数人一样，并没有接受过专门的思考训练。

APC

前文提到，APC 代表 alternatives、possibilities、choices，即替代方案、可能性和选择。选用这三个单词是为了便于拼读。在某些时候，选用其他单词也许更为贴切，但我们不必纠结于区分这些单词的含义，而是应该将注意力放在方法本身，即寻找替代方案上。

就像 PMI 一样，APC 的目的是思考“当前”情况下的替代方案，它能将我们的想法转化为具体的行为指导（或者叫“执行性概念”）。下面我们讨论一下可能用到 APC 的场景。

解释

一个年轻人在加油站把成罐的啤酒倒入汽车油箱，请对此进行 APC。我们可以如何解释他的这种行为呢？下面列出了一些可能性，请试着进行补充：

- 这并不是他的车，他在蓄意破坏；
- 他喝醉了；
- 这是一则啤酒广告中抓人眼球的片段；
- 罐里盛的是汽油，因为加油泵坏了，所以他用罐子盛。

有时，我们需要尽可能多地想出各种解释，无论其可能性有多小，比如解释他人的行为、解释民意调查中票数的摇摆不定、探究市场行为等。我们寻找的不仅是最有可能的那个解释，还要搜索其他各种可能的解释。在这个过程中，我们很容易满足于一个看似“足够”的解释。

假说

虽然吸烟的男士似乎有所减少，但吸烟的女士好像越来越多了。请对此进行 APC，解释为什么会呈现这样的趋势。有时候假说看起来与解释别无二致，但一般来说，解释是针对某一现象或个例，而假说是针对某个过程或趋势。正如前文提到的，无论我们多么坚信某个假说是正确的，都要尽可能去寻找其他可能性。

感知

我曾在新西兰与一些工业家就机会问题进行讨论。很多人抱怨，新西兰的规定和限制太多，很难寻求机会。其中一位则持不同看法，他乐于接受这些规定和限制：“如果你学会了如何应对这些规定，那么这些规定只会成为你的竞争对手的障碍，也会阻碍新竞争者的加入。所以我觉得，这些规定反倒给了我们更好的机会。”

一项研究意在证明：在有泳池的学校中，学生会把更多时间花在游泳上。很多人认为这是显而易见的，指责这样的研究纯属浪费资金。我们还可以如何看待这项研究呢？请对此进行 APC。

问题

APC 可以应用到问题的各个环节中。首先是定义问题：通过找到解决方案，然后反推出问题的最佳定义。同时，我们也可以寻找问题的其他定义。请对城市中的高峰出行问题进行 APC，寻找它的各种定义。

其次，在解决问题时，我们可以寻找多种方案，而不是从一开始就寻找最佳方案。请对城市高峰出行问题的解决方案进行 APC，尽可能想出大约 4 种不同的方案。

最后，当我们有了"足够"解决问题的方案时，我们不要满足于"足够"，而要继续思考其他替代方案。我们经常会满足于已经找到的方法，不愿意寻找其他可能，甚至觉得其他方法大概别人早就试过了，都是行不通的。

回顾

问题是我们不得不解决的事情，而回顾则是要再次思考某件事情。这件事情并非一个问题，它进展顺利，似乎不需要刻意关注。我们之所以要回顾它，是为了思考这件事的过程是否可以简化或者提高效率。在这种情况下，我们通常需要思考是否有其他方案可以实现相同的效果（以及这件事本身是否有存在的必要）。请以回顾的方式对巧克力棒的包装进行 APC。

设计

在设计中，我们要创造能够实现某个目标的方案。从某种意义上说，相比问题解决，它有更多自由发挥的空间，因为我们可以采用不同的策略和风格去实现目标。

APC 中很重要的一点是，我们要区分替代方案究竟只是常规方案中的子选项，还是完全区别于常规方案的新办法。就我的经验来说，在多数情况下，人们提出的替代方案只是换了种说法，本质上还是常规办法。请对电话的设计进行 APC。

决策

商学院和管理培训非常强调决策，我在后文中也将强调这一点。人们总是以为替代方案是显而易见的，但决策的困难往往就在于没能找出充足的替代方案。决策过程本身无法产生替代方案。我们需要将一部分注意力从选择替代方案上转移到生成替代方案上来。你与你的竞争对手出售同样的卫生卷纸，但对方的售价比你低。你是否需要降到跟对方相同的价格呢？请对此进行APC，找出替代方案，以便做出决策。

行动方案

据说，犹太人有一句古老的谚语，大体意思是，如果有两套行动方案，那么你应该选择第三套。正如在决策中提到的那样，我们的重点是寻找替代方案。制订行动方案包括解决问题、设计和做出决策。如果你想发明一款儿童游戏，你会制定怎样的行动方案？请对此进行 APC。

预测

预测对于经商等领域来说非常重要。我们当下所做的决策和计划都将在未来执行并显现效果，今天的投资将在未来获得回报。所有预测都是基于对当下趋势的推断。这听起来可能有些绝对，但我们很难相信一个以其他方式做出的预测。虽然当前的趋势不一定会延续到未来，但我们要做的是谨慎地判断未来的各种可能性（虽然有些可能性在当前看起来难以置信），以拓宽我们的认知。在这一方面，科幻小说是一个很好的例子。请对娱乐行业的未来发展进行 APC，探索其各种可能性。

APC 的适用范围不限于以上情况，它也适用于谈判、沟通、合作、投资、规划等诸多场景。重要的是我们要有意识地在团队中让自己或他人使用 APC。

可行性

有两种常见的反对 APC 的声音：一种认为这是浪费时间，并且制造了不必要的工作；另一种认为过多的替代方案会导致优柔寡断。这两种观点都有一定的道理。

对于前者我想说，我们无法确定解决问题的第一个方案就是最佳方案，除非我们找到了其他方案，并将它们进行比较。很遗憾，有了更多替代方案确实会增加决策的工作量。但是，缩减替代方案也并不能降低你的决策难度。所以，如果你不喜欢与决策相关的工作，那就远离这样的工作吧。

对于后者我想说，我们要斩钉截铁地设置截止日期。雷达之父罗伯特·沃特森·瓦特爵士有一句广为人知的名言："今天你有一个想法，明天你有一个更好的想法……这样下去，你永远不会得到一个最好的想法。"我也深感如此。如果设计师一直在改变自己的设计方案，那他设计的产品永远不可能投入生产。如果我不断修改书稿，稿子会改得越来越好，但这本书却永远无法出版，因为改进的过程是永无止境的。

因此，我们必须设置实际的截止日期，制定时限，敲定设计。

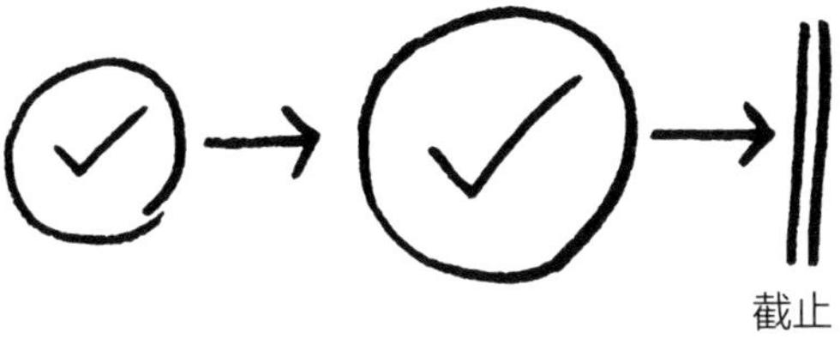

这里的关键在于，我们不能因为满足于当前的方案而拒绝寻找替代方案，也不能因为担心可能会带来麻烦而害怕寻找替代方案。

替代方案与创造力

如果我们不去思考替代方案，就会一直困在过去的习惯中。有了替代方案，如果它们看起来不如现有的方案，我们依然可以维持现有方案。如果我们从一开始就没有替代方案，那就永远没有选择的余地。

思考替代方案打开了各种可能性。我在前面提到过，“可能性”一直是西方科技进步的驱动力。

APC 能帮助我们建立刻意寻思考替代方案的意识和习惯，是一种重要的思考工具。

我们非常需要这种工具，因为思考的模式化的本质是寻求确定性，而不是寻找替代方案。

请试着进行以下练习：

1. 一个往常都非常准时的人突然开始迟到，可能有哪些解释？

2. 盗窃案数量突然增加，可能有哪些原因？

3. 在你的古董店对面开了一家新的古董店。你可以考虑哪些对策？

4. 你要开车上班，路上越来越堵。你可以考虑哪些对策？

5. 劝说年轻人戒烟有哪些方法？

6. 在处理学校霸凌时，有哪些方法？

4

感知与模式

思考的主要目的是什么?

思考的主要目的是摒弃思考。我们的大脑会从混乱和不确定中寻找意义，从外部世界中识别熟悉的模式。只要识别出某种模式，大脑就会切换为这种模式并且遵循它，从而停止思考。这跟开车如出一辙：在开到熟悉的路段时，你无须借助导航和指南针，也不必问路，甚至连路标都不用看。从某种程度上说，我们的思考就像是在不断寻找这些熟悉的路段，目的是不用继续思考。

那么，这些模式是如何形成的?大脑又是如何利用这些模式的?这对我们的思考会有什么影响?我们又该怎么做呢?

为了更好地理解思考，我们要知道大脑作为信息处理系统是怎样运作的，这就是我在本章想要阐述的内容。

本章主要探讨意识，阐明一些有关大脑运作的问题，其中运用了 PMI 和 APC 等思考方法。这里探讨的意识是一般思考技能中的重要部分。

感知

我在《思考的机制》一书中提到过下面这个故事。

在到牛津大学的第一天，我去参加一个聚会。校门到午夜就会关闭，而等我回来的时候一定很晚了。我问了一个有经验的人，怎么才能翻墙进校。他说，很简单，首先要翻过两道墙，然后从自行车棚棚顶跳进一个四方院。我回到学校时大概是第二天的凌晨 3 点，要爬的第一道墙高约 4.6 米。我翻到墙的另一侧，继续走到第二道墙前，它跟第一道墙一样高，我又翻过了第二道墙。可过了很久我才发现，自己居然又回到了校外的草地上：我从第一道墙爬了进来，又从与第一道墙呈 90° 夹角的一面墙上翻了出去（如下图所示）。我又重新来了一遍，这次，我在确认第二道墙时更加谨慎了。我在墙上发现了一扇铁门，脚蹬起来更方便了。当我爬到铁门上方时，门慢慢地晃开——它根本没有锁上。终于，我进到了校园里。

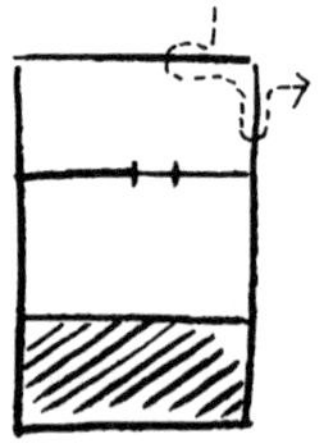

我跟一个计算机团队开会时讲过这个故事，有人说，自己在牛津大学有过一段类似的经历。不过他当时似乎是喝醉了，在爬

到墙头时没抓稳摔了下来。但他没太在意，站起来继续翻墙。可是，刚刚他摔下来时歪打正着摔到了墙的另一侧，所以第二次他从同一道墙的里面翻回到了校外的草坪上。

这两则故事的寓意非常明确：翻墙技术再好，也不能保证翻对墙。这个道理对于思考来说尤为重要。“翻墙”就像是“加工处理”，“识别墙”就像是“感知”。对信息的加工处理再好，也弥补不了感知的缺陷。

感知是我们看待事物的方式，加工处理是基于这种感知所做的事情。我们已经认识到了思考的三个谬论：第一，起点（即感知）并不重要，因为如果思考能力足够强，你就能得出正确答案；第二，在陷入困局时，通过对信息的进一步加工处理，你能得知自己本该以什么为起点；第三，传统的感知已经足够了，因为它经历了反复试错。这三个谬论让我们始终在关注加工处理，为此还发明了很多伟大的工具，比如数学。我们忽视了感知领域，以为对此无能为力。

感知　　　　　　　加工处理

然而，随着计算机“加工处理”信息的性能不断提高，我们反而更加注重感知，这听起来像是一个悖论。如果我们将加工处理视为理所当然，感知会变得更为重要，因为我们看待事物的方式决定了我们要怎么做。

在现实生活中，多数思考活动发生在感知区，即我们是怎样看待事物的。只有在非常特殊的情况下，我们才会细化加工处理。在未来，我们会把越来越多的处理任务交给计算机，把感知型思考留给自己。因此，我们需要大大提高感知能力。

我最喜欢用油醋问题阐释什么是感知（之前也拿酒水举过例子）。假设你要做一种沙拉调味酱，在你的面前摆着一杯橄榄油和一杯葡萄酒醋。你从油杯里取了一勺油倒入醋杯中，充分搅拌后，又将一勺混合液倒入油杯中。此时是醋里的油更多，还是油里的醋更多呢？或者是其他情况？（假设一勺的量少于一杯的1/5，虽然这并不重要。）

我在《水平思考》一书中提到过，在我看来，醋杯里的油跟油杯里的醋一样多，我的出版人高度怀疑我的看法。图书出版之后，一位逻辑学家礼貌地指出我的错误，他说，第一次取的是一勺纯油，第二次则是一勺混合液，第二勺的含醋量比第一勺的含油量要少。因此，醋里的油多于油里的醋。他的逻辑看似无懈可击，但他的感知是错误的。

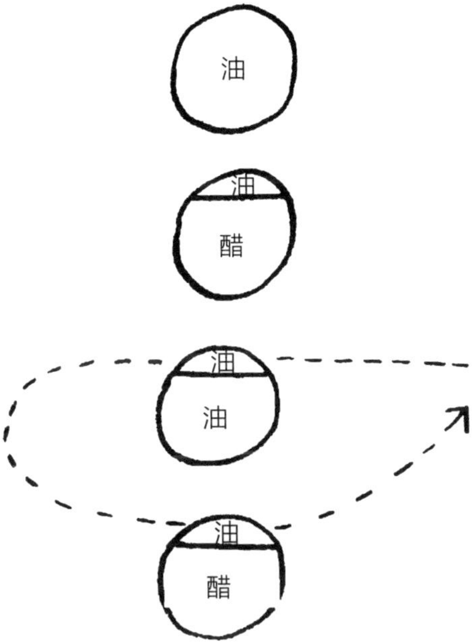

上图是对这一问题的不同看法。前后两勺的容量相同，第一勺是纯油，第二勺是混合液，而油是漂在醋上面的。那么这一小部分油来自哪里呢？显然是来自醋杯，但这个杯子里起初是没有油的。所以这一小部分油只是进行了一次往返：第一次被取出来，第二次又被倒回去了。它又回到了最初的勺子里，所以我们可以不考虑它。现在，我们从两次取出的液体中，把不变的这一小部分油同时取出，那么勺子里剩余液体的体积相同，即剩余的油和剩余的醋体积相同。因此，油和醋交换的量是相等的。具体有多少油被取回去了并不重要，甚至倒入醋杯的油是否与醋进行了搅拌，也不重要。

如果从 1 开始将奇数加起来，它们的总和永远是平方数：

$1 + 3 = 4 = 2^2$

$1 + 3 + 5 = 9 = 3^2$

$1 + 3 + 5 + 7 = 16 = 4^2$

你会怎样证明这个结论永远成立呢？方法有很多，下面是非常简单的一种：

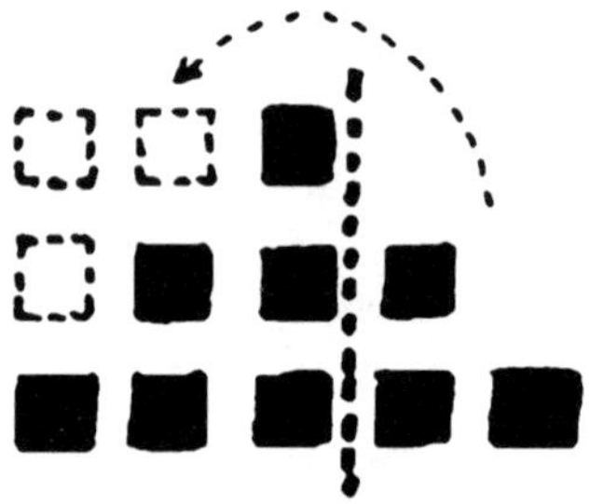

我们可以将这些相加的奇数看作摞起来的箱子。把每行的箱子相加，得到 1 + 3 + 5 + 7……如果想摞得更高就要继续在下一行放上奇数个箱子。现在，我们将虚线右边的箱子转移到左边（如上图），这样就形成了平方数。无论有多少排箱子，这个结论永远成立。

上述两个例子解释了感知和加工处理的不同。感知是我们最初看待事物的方式，而加工处理是基于该感知所做的事情。

过马路

下图是一张井字棋盘。从任何一格开始走，然后走到其他任意格子，再继续走到更远的格子（以此类推，直至所有格子都走过一次），一共有多少种不同的方式可以走完整个棋盘？

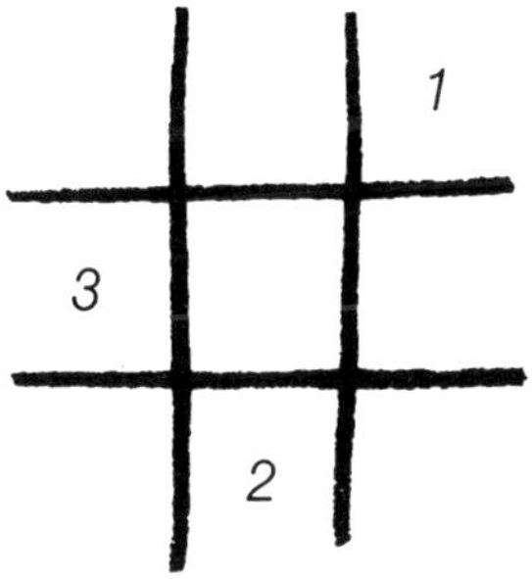

有人说是 27 种，有人说有几百种。我个人认为，至少是 362 880 种。这一数字大得出人意料，它反映了数学组合（不同事物可以组合的方式）中蕴含着大量的可能性。

我曾发明过一个只有 16 块的拼图，它们全部都是正方形。玩家的任务是将这 16 个正方形排列成一个大的正方形。但是，只有当所有的小正方形都放在正确的位置时，大正方形才会逐渐显现出来，所以玩家没有办法预先知道谁跟谁应该拼在一起。每个小正方形有两个面：正面和背面。这个只有 16 块的简单拼图，即使每秒放置一块，日夜不停，也需要数百万年才能试遍所有的组合。

如果我们必须通过分析所有信息、尝试不同方式才能过马路，那么我们需要一个多月的时间才能过去。

我们并不需要一个月的时间来过马路，因为思考不是以那样的方式运行的。我们能够在适当的时间过马路是因为思考不喜欢创造。如果思考以其他方式运行的话，它对我们的生活将毫无用处。

模式的生成

感知型思考能将输入的信息生成模式，如下图所示。接下来我们将探讨这个过程。

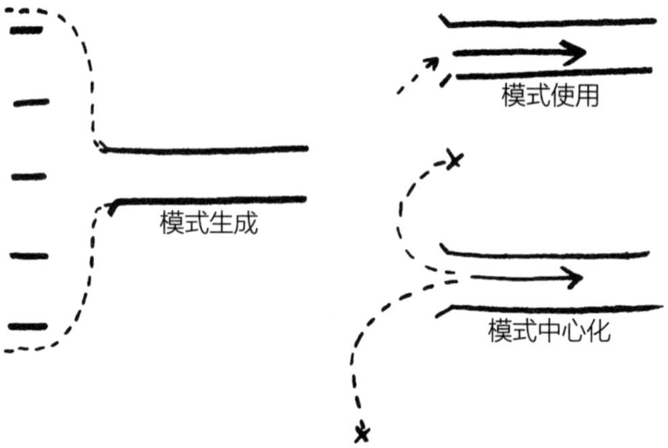

一旦获取了足够的信息触发某种模式，思考便不再需要分析或整理信息。然后，思考就会自动沿着这个模式前进，就像驾驶人在一条熟悉的道路上开车一样。在这种情况下，道路上任何以一定速度移动的模糊物体都会被立即视为逼近的车辆。

模式生成有一个重要的特征。除非存在几个难以抉择的模式，否则任何与已有模式相似的事物都会被划为该模式。这有点类似于流向山谷的分水岭。除非有分流的山谷，否则远处落下的水最终会汇聚到该山谷的中心。这就是我们所谓的“模式中心化”。如下图所示。

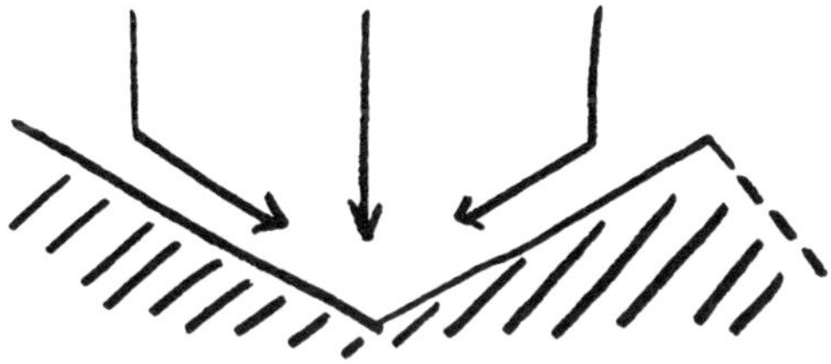

模式如何生成

下图显示的是一个沙盘。我们将一颗钢珠放在沙子表面的某一点上，钢珠会沉入沙子里，并一直停留在被投放的那个点。这一过程类似于在纸上的某一点用铅笔做记号，或是在磁带的某一位置改变磁性。纸张、磁带和沙子都被动地记录着发生的事情。我们所有的信息记录体系均属于这种被动类型。

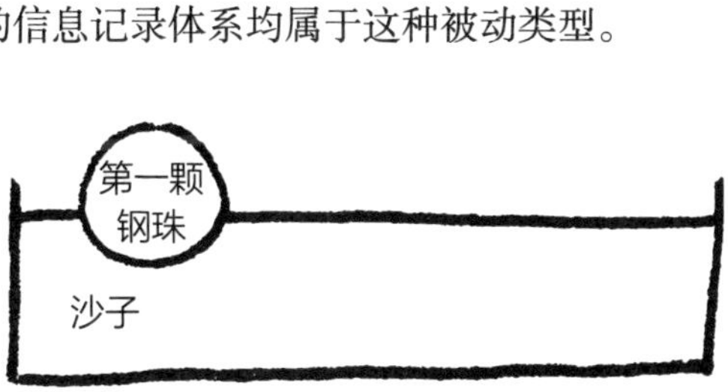

还有一个托盘，托盘中嵌入了一个塑料面（见下图）。我们再将一颗钢珠放到塑料表面上，就像刚刚放入沙子中那样。这一次，球不会停留在投放的位置，而会滚到低洼的底部。无论我们将球放到哪里，它终究会停留在相同的位置。这个表面“更改”了输入的信息。与沙盘不同，塑料托盘不会精准地记录发生的事情。输入的信息被改变或者说被“修饰”了。这不再是一个被动的信息系统，而是一个主动的系统。

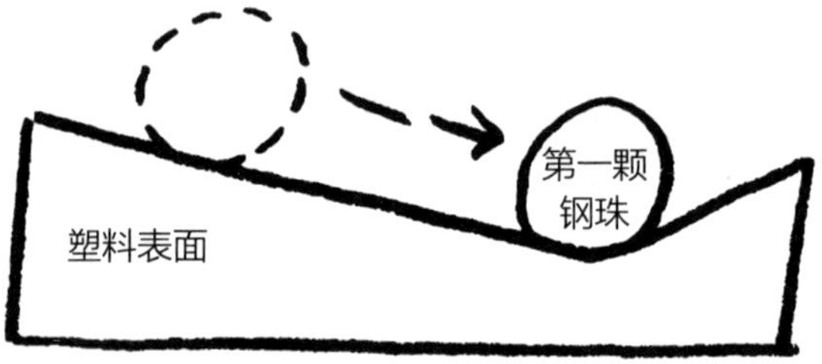

再来看下图中的第三个托盘。这个托盘中有一层厚厚的黏稠物，上面覆盖着一层薄膜。我们将一颗钢珠放到表面，它逐渐沉了下去，当它停下来时，薄膜被压低了，呈现出与塑料托盘类似的外观。如果再放一颗钢珠，它会沿着斜坡滚动，最终停靠在第一颗钢珠旁边。像塑料托盘一样，这个黏稠物托盘也是一个主动的信息系统。在塑料托盘中，斜坡的轮廓在第一颗钢珠到达之前就形成了。而在黏稠物托盘中，是第一颗钢珠的运动轨迹形成了轮廓。事实上，黏稠物托盘是一个使输入的信息可以自行组织成群的环境。

下面我们再来看一个模型。这一次的表面是铺在桌子上的毛巾，旁边有一碗墨水。我们从碗里取一勺墨水，倒在毛巾的某个位置上，墨水在那个位置留下了印迹。重复这个过程会得到如下图所示的画面。毛巾表面进行了被动的准确记录。

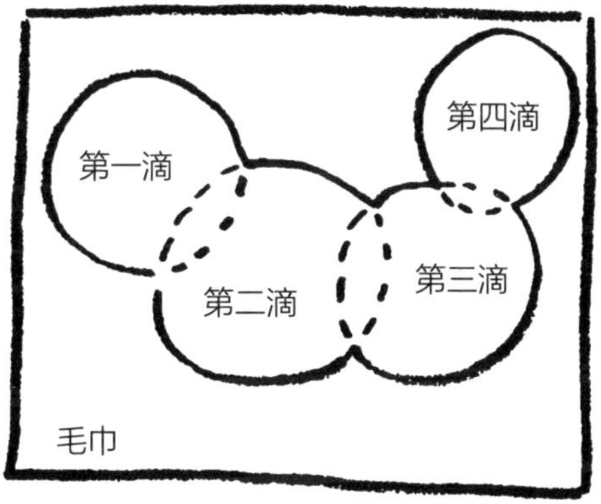

接下来，我们将毛巾替换为明胶或果冻，并将墨水碗加热。将一勺热墨水滴到明胶表面，明胶开始溶解。将冷却的墨水和溶解的明胶倒掉，明胶表面会留下一个浅浅的凹陷。像在毛巾上所做的那样，我们在相同位置再滴一勺热墨水，墨水会流入凹陷，使它变得更深。第三勺和第四勺也是如此。最终，在明胶表面会形成一种“通道”或“轨道”，如下图所示。明胶表面的轨道与黏稠物托盘非常相似。在这两种托盘中，第一次输入的信息改变了表面，而被改变的表面又继续影响了接下来接收信息的方式。明胶模型更为复杂，因为信息本质上是“自行组织成某种轨道或某种模式”的。

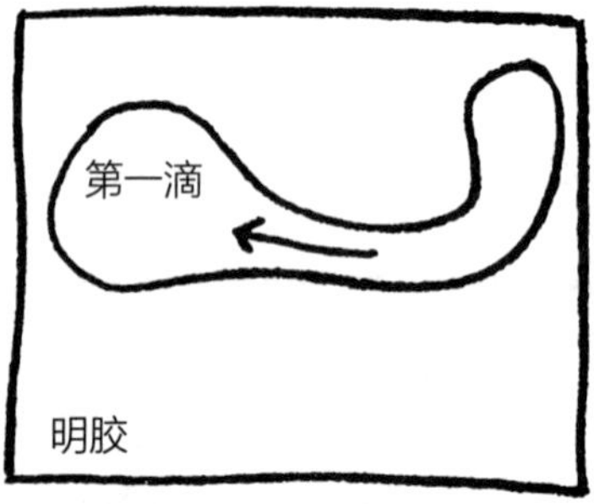

一旦形成了某种模式，任何输入该模式或通道的信息都将以相同的方式沿着它移动，并且使该模式愈加深刻、鲜明。

黏稠物托盘和明胶托盘说明，特定类型的表面提供了特定环境，使输入的信息可以自行生成模式。大脑中的神经网络以某种类似的方式运行。这些相互连接的神经网络是如何使输入的信息自行生成模式的呢？想要进一步了解该过程的读者可以参考《思考的机制》一书，我在该书中有过详细阐述。

《思考的机制》一书写于 1969 年，我在书中提出的观点在当年来说是非常罕见的。如今，自行组织的信息系统这一观点已经成为主流看法，人们在这一领域进行了更多的研究，神经网络计算机正是以这种方式运作的。实际上，我在那本书中提出的模型已经在计算机上进行过模拟，其运行模式正如我所预测的那样。

了解大脑的运作机制对于设计思考工具来说非常重要，否则我们只能模糊地描述大概是怎样的过程，然后试图将这种描述当作一种工具。这是比较常见的方法，但远不及理解思考系统工作原理后再设计思考工具来得有效。从这一点上来说，我们只需要理解“主动”信息系统与“被动”信息系统的不同，以及主动信息系统使信息自行生成模式的过程。

现在，我们可以忘记模式的生成过程，把它们看作一种通道、道路或轨道。一旦信息输入起点，它就会沿着轨道移动或“流动”到终点。

模式的使用

感知的目的是形成模式并利用模式。正如我在前面提到的，思考的目的是找到熟悉的模式，从而无须思考。我们可以从几个方面来理解模式的使用。

识别

当阅读字迹潦草的手稿时，我们可能需要反应一会儿才能认出某个字。然后突然间，这种字迹变得容易辨识了。在阅读印刷体时，我们能迅速地识别字词，几乎察觉不到这种“模式识别”。

只有在比较困难的情况下（比如通话信号很差，听不太清对方在说什么），我们才会意识到主动识别的过程，即努力地识别模式。

成年人通常需要数个小时或者数天才能解开魔方，而儿童可以在几分钟内完成，最快的纪录大约是 25 秒。这短短的几十秒时间对于解开魔方来说显然是不够的，这是利用了模式识别的结果。识别出某种模式从而触发了某个行动方案，然后又识别出另一种模式，触发另一个行动方案，以此类推，直至完全解开魔方。

这种模式识别是人类思考中最奇妙的特点之一。它让我们能够与朋友打招呼、使用语言、吃饭……我们的生活离不开它。整个意识生活均基于模式识别。感知的目的就是为了识别熟悉的模式。

纠错

下图展示了一个非常特殊的木制立方体设计。有人把该设计交给了一位木工，让他照图制作。该立方体的上半部分由一种木材制成，而下半部分则由另一种木材制成。两部分通过鸠尾榫连接。该立方体的设计从侧面看起来与正面完全相同。问题是，在实际操作中，木工是否能够制作出这样的立方体。

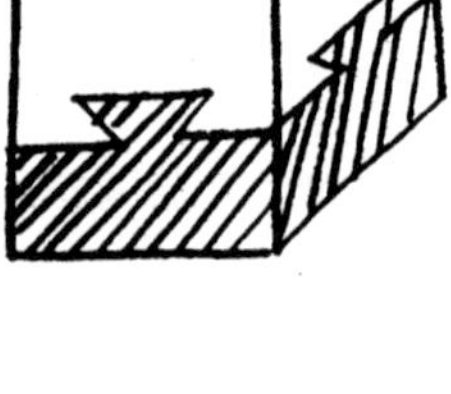

乍一看，这似乎不太可能。我们想象中的连接方式如下图所示，这样的设计是无法将两部分组装或者拆分的。根据该模式，我们会认为这个设计方案并不可行。

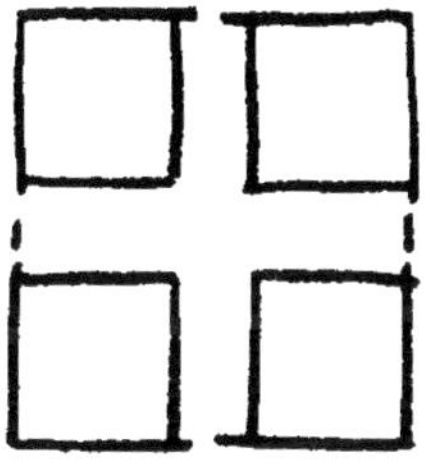

然而，这个模式并不正确，实际上我们可以制作这样一个立方体，而且在组装好之后，上下两部分也是可以分开的。我们刚刚认为连接线是垂直交叉的（如上图），但实际上它们是以一个角度进行交叉的（如下图）。因此，上下两部分可以轻松地滑上或滑开。

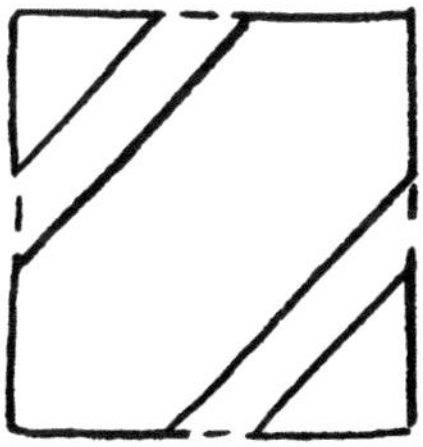

在这个例子中，模式识别误导了我们，因为我们所识别的模式是错误的。在模式识别系统中，我们难免会偶尔使用错误的模式。而且我们在思考中形成的模式越少，犯错误的可能性就越大。

提取

大脑擅长识别整体模式，如人脸、字母或单词。此外，它还非常擅长提取隐藏的模式。如果你随机想出 8 个物品并列出它们的名称，那么观察这些词的人很有可能通过提取某种模式将这些词分成两组，每组 4 个。但这些词是完全随机的，比如：

狗

雨伞

鱼

汽车

牙膏

书桌

帽子

钱

如果将这些词分为两组，每组 4 个，有多少种方法？你可以尝试用任意 8 个随机词语进行该练习。如果与他人一起练习，那么最终大家提取的模式数量之多可能超乎你的想象。

这些提取的模式是存在于物品本身之中，还是存在于我们所观察的方式之中呢？它们由这些物品触发而来，最终又会被这些物品验证，但这些模式其实早就存在于我们的大脑之中，这样我们才能使用它们。

分组

将事物分组能让生活变得更加便捷。我们无须了解每辆汽车的细节，而是将它们都归为“汽车”类。从某种程度上说，它们都是相似的（比如都可以穿过马路）。分组和分类还能让我们对事物进行一些预测。我们认为某个物品属于某个类别（比如认为某辆车属于“汽车”类），然后就可以推断该物品也具有这类物品的特性（比如汽车都有方向盘）。这是古典哲学的基础。我想表达的是，我们的思考通常会将具有某些特性的物品分组，这样一旦我们识别出这些特性，就可以用现有的模式推而广之。

统合派是指通过关注共同特性而倾向于将事物分为同类的人，而分割派则指通过关注差异而倾向于将事物分为不同类的人。科学是分组和分类的审慎组合。

分析

分析有两种类型：第一种类型是将一个复杂的情境分解为熟悉、可识别的模式，我们认为各个元素汇聚在一起才产生了复杂的情境，这些元素是组成部分。第二种类型更像是解释。我们从情境中寻找熟悉的模式，但并不认为它们是整个情境的组成部分。这种类型与前文提到的“提取”非常相似。

意识

我们要意识到感知在思考中起着至关重要的作用。

在感知中，大脑作为一个自行组织的信息系统（主动系统）运作，使输入的事件自行组织成模式。这是一个奇妙的系统，有了它，我们才能理解世界；失去它，生活将变得不可能。我们要意识到思考的目的是搜索这些熟悉的模式，以便遵循这些模式，从而不必思考。

我们也要意识到自己可能时常会陷入错误的模式中。

我们要非常清楚地意识到，大脑中的模式库将决定我们如何识别、纠错、提取、分组、分析及其他一切思考方式。

艺术

艺术的目的之一是帮助我们在大脑中储备更多的模式。艺术提炼出经验模式，使我们不必亲身经历，不必在漫长的过程中归纳经验，就可以习得模式。艺术还能给予我们一些自己可能永远不会拥有的经验。从某种意义上说，艺术是一台能够加速人生的机器。

练习

我们可以置身事外，以旁观者的视角总结惯用模式，这是一个很好的习惯。比如，在许多心理治疗中，我们仍采取弗洛伊德模式：深度挖掘潜意识，从而找出感觉和行为背后的解释。在教育中，我们的模式是提供信息，然后让大脑在处理这些信息的过程中形成思考习惯。

作为练习，请试着找出以下情境中的主流模式：

1. 电视广告

2. 劳资关系

3. 报纸

4. 假期旅行

5. 房屋购买

6. 穿着牛仔裤

5

水平思考法

1967年，我在一次访谈中首次提出了“水平思考”这一术语。该词现已被广泛使用。因为我们确实需要一个词来表达一种改变感知和观念的思考方式，而“创造力”这个词太宽泛、太模糊了，它是一种艺术化的表达，涵盖范围广，却与改变感知和观念的思考方式没有太大联系。水平思考可以是一个刻意的、正式的过程，为此我们有相应的思考工具。

进步分为两种，一种是短期内的突飞猛进，另一种是日积月累。

第一种进步如下图所示。我们借助技术进步或突然想出一个绝妙的点子，从而加速了前进的脚步，以此类推。如今在世的人中，有人出生时还没有飞机。而就在不久前，我在一架横渡大西洋的飞机上吃土豆泥，我意识到这勺土豆泥的飞行速度比步枪子弹的飞行速度还要快。协和式客机上乘客的飞行速度也是如此。我们在短时间内取得了巨大进步。

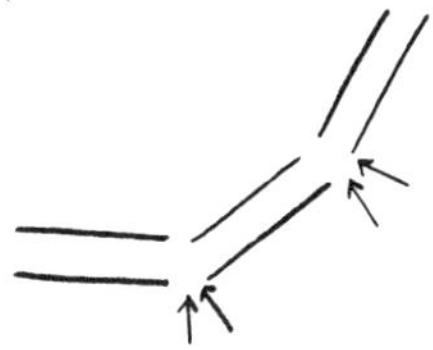

今天，我们花大概 1000 欧元就能买到一台比世界上第一台计算机性能更强大的计算机（以今天的汇率计算，价值约 500 万美元，其体积大到要占用三个房间）。

其实，我们可以花不到 500 欧元就能拥有一台性能强劲的个人电脑。这也是一个惊人的进步。

下面讲第二种进步。我们由经验形成了特定的观念、模式和组织形式。我们沿着一种已经建立的模式前进。要想取得进展，我们可能需要回到先前的某一节点，重新选择一种更适合当前情况的模式。然而我们没有设立回溯或模式切换的机制，因此进步非常缓慢。这是社会领域相对于技术领域取得进步的方式。进步慢并不是谁的错，而是因为我们的思考方式就是这样的。这就是组织的运作方式，它们是对过去的总结，而不是针对未来的设计。这种较慢的进步如下图所示。

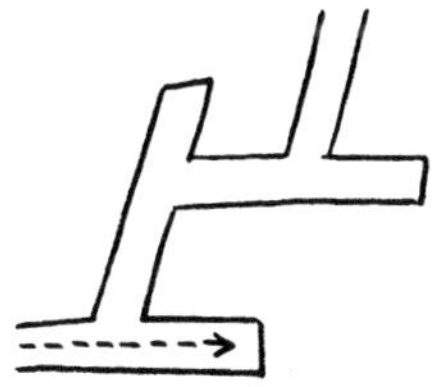

模式的转换

在前一节中，我们了解了大脑可以创造模式并使用模式。这让我们能够理解世界，得以生活。失去这样的系统，我们将无法生活。大脑的主要目的是无须创造，也的确应该如此。然而，我们有时会有转换模式的需要。转换模式比较困难，因为我们实际上没有任何机制来做到这一点。在政治方面，两党间的扯皮推诿收效甚微，是在浪费时间。在科学和思想方面，由于没有更好的方法，我们也倾向于使用这种方法。

在医学领域，大多数重大发现都是通过偶然观察、意外事故或者犯错而获得的。这并不稀奇,因为人体是一个复杂的系统，我们无法对其进行系统化搜索。一旦有了“突破”，我们就可以运用科学方法对该突破进行分析，从而取得进展。

在思考层面，模式转换的机制包括犯错、意外事故和幽默。很难看到还有哪些其他机制。研究现有模式不会产生新的模式。

幽默

我一直感到惊讶的是，哲学家、心理学家和信息论者对幽默的关注少之又少。幽默可能是人类思考中最重要的特征，它向我们更好地展示了系统是如何运作的。理性告诉我们的非常有限，我们可以用鹅卵石、算盘上的珠子、齿轮或电子装置设计推理系统。但幽默只能在一种自行组织的模式系统中发生，我们可以在人类的感知中找到这种系统。

幽默是从一种模式切换到另一种模式。

下图展示了主线(主要模式)及其支线。模式系统的特点是，当我们沿着主线前进时，支线是暂时无法到达的（对此的解释请参考我的另一本书《思考的机制》)。所以我们会沿着主线飞驰而过。

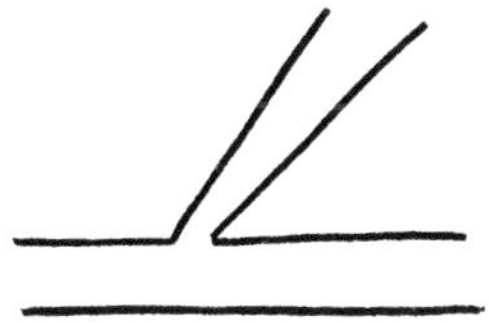

在双关幽默中，一个词的双关含义成了切换模式的装置，迫使我们沿着支线前进。比如：

“鲍勃·霍普过了一个糟糕的圣诞节。他只收到三家高尔夫球俱乐部的邀请。更糟糕的是，只有两家有游泳池。”

幽默的另一种运作机制如下图所示。在这种机制中，我们被带到一个乍看之下似乎不合理的情境中，但突然间明白了其合理性。比如：

“检票员走进火车车厢。一位年轻人开始疯狂寻找他的车票：上衣口袋，裤子口袋，衣架上的外套，公文包……所有能找的地方都找遍了。过了一会儿，检票员同情地看着这个年轻人，从他的口中拿出了他一直叼着的车票。检票员走后，一位乘客问年轻人是不是感觉自己很傻。‘不啊，’年轻人说，‘我是想咬掉车票上的日期！’”

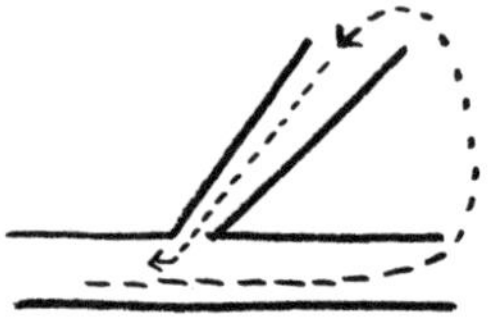

后知后觉与顿悟

我们在幽默中观察到的模式转换与事后顿悟的过程完全相同。当转换到一个新的模式，我们会突然发现某件事显然是合理的。我们会顿悟某个创造性的想法是合乎逻辑的，否则也不可能承认它的价值。但是我们有一个错误的认知：既然在事后能明白其逻辑性，所以如果能更好地提升逻辑思维能力，那么我们从一开始就能参透。只有那些不理解模式系统性质的人才会犯这种错误。模式系统必须是非对称性的，否则它们将毫无用处。下图中，从 A 到 B 的路径与从 B 到 A 的路径截然不同。

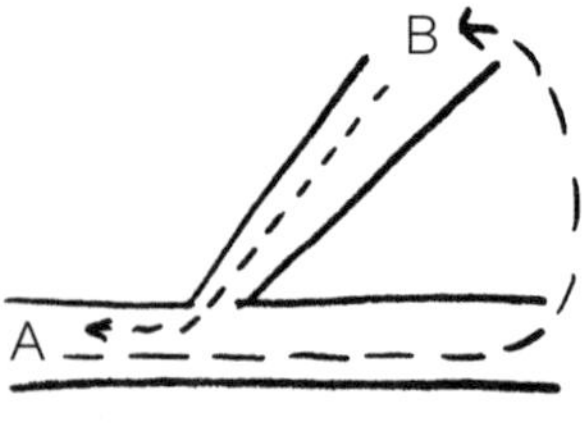

水平思考旨在提供一种转换模式的方法，比起依赖偶然犯错

或意外事故，这种方法是刻意为之。水平思考旨在实现顿悟中发生的模式切换。

我们之所以没有足够重视创造力，正是出于这种“事后逻辑”：我们总觉得，既然这个创造性的想法在事后被证明有其逻辑性和价值性，因此逻辑思维能力越好的人就越有可能想到这个主意，我们只需要提升逻辑思维能力，而不需要创造力。在模式系统中，这是一种完全错误的看法，虽然该看法在“外部组织”的被动信息系统中是行得通的。我们一直在研究被动系统，从而忽视了创造力在自行组织的主动信息系统中是非常必要的。

创造力与水平思考

经常有人问我：为什么需要提出“水平思考”这一术语，“创造力”这个词已经可以很好地表达了。我的回答是，“创造力”这个词远远不够，而且它无法表达出我所说的水平思考的含义。这可能也是《牛津英语词典》收录“水平思考”这一术语的原因。

一个有创造力的人看待世界的方式，可能与其他人看待世界的方式不同，如下图所示。

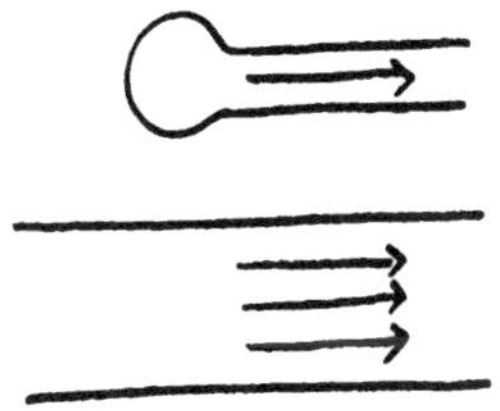

如果此人将自己对世界的独特感知成功地表达出来，让我们也能够通过全新的视角去认识世界，那么我们会赞赏他的创造力。我们赞赏创造力，但同时也会使该人困于这种特殊的感知中，即无法改变自己的感知，无法以其他方式认识世界。因此，其实许多有创造力的人同时也是“固执”的。这一点并不会抹杀他们的社会贡献以及特殊感知的创造力。但是在“水平思考”中，我更感兴趣的是不断地改变感知。显然，这样的人确实有创造力，但他不是水平思考者，而有些人则两者兼备。

同样的情况也会发生在小孩子身上。我们让一个九岁左右的孩子去解决一个问题，他可能会提出一个非常富有创造性的方案，因为他没有为传统方法所困。因此，他的方案兼具创造性和原创性。但是这个孩子可能不愿意寻找，也无法找到其他办法。因此，他虽然很有创意，但也很“固执”。

我们可以将水平思考定义为：在模式系统内部进行模式转换。解释模式系统的性质需要相当长的时间，因此在一般术语中，我们可以将其理解为以不同的方式看待事物的能力。

举一个例子：奶奶在织毛衣，小孙女在玩毛线球，给奶奶添乱。爸爸建议把女儿放在婴儿护栏里，免得给奶奶添乱，妈妈则说让奶奶坐在护栏里可能更奏效——妈妈的建议是以一种不同的视角看待同一个问题，并且仔细想想也是很有道理的。

水平思考是一个过程

“创造力”一词的另一个问题是：它是一种价值判断。没有人会说一个自己不喜欢的新想法很有“创造力”，而水平思考是一个中性词。

我们进行水平思考之后，有时依然一无所获；有时想出了一个主意，但不如现有的主意好；有时我们会想到一个比现有想法好得多的新主意。在这三种情况下，我们都在使用水平思考。

聪明的人通常倾向于循规蹈矩。他们学会了游戏规则，并利用这些规则过上了舒适的生活。在学校里，他们学会了如何讨好老师，如何花最小的努力通过考试，如何与人相处。创造力往往留给那些出于各种原因不能或不愿意遵守规则的叛逆者。但矛盾的是，如果我们将创造力（即水平思考）视为完全理性的信息处理，那么就会出现一种奇怪的现象：从众者变得比叛逆者更有创造力，因为从众者更擅长遵循创造力的规则。如果发挥创造力不再有风险，那么不愿冒险的人就会希望自己有创造力。

水平思考既是一种心态，也包括一些既定的方法。心态是指愿意尝试以不同的方式看待事物，承认看待事物的方式千千万万，并且理解大脑是如何使用模式的，理解摆脱现有模式并切换到更好模式的必要性。可见水平思考并不神秘。

判断与挑衅

下图是我经常在研讨班上给大家展示的一张图纸，图纸上画的是一个手推车。我请每位观众独立写出 5 条对这个手推车的评价。大家的评论中充斥着批评：轮子放错位置了，轮子支架会断掉，轮子太小了，手推车会翻倒，手柄太短了，按下比抬起更困难，等等。

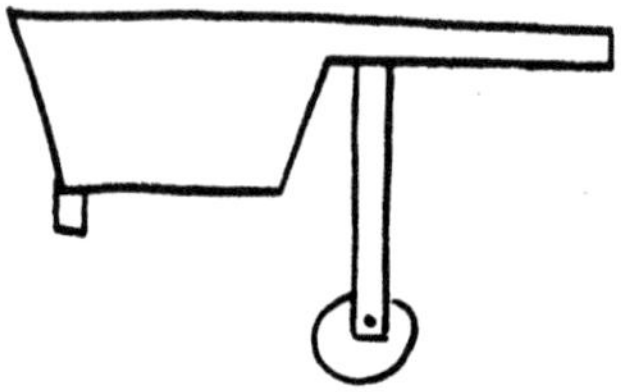

我们统计了一下大家的评论：在高管群体中，负面评论与表示有兴趣的评论的比例为 20：1；在智商超过 140 的群体中，这一比例为 22：1；在教师群体中，这一比例为 27：1；在 12 ~ 13 岁的青少年中，这一比例为 2：1。负面评价在青少年中的占比较低，这反映了两点：首先，他们对手推车、重心、杠杆之类的东西了解不多；其次，他们认为这是我能做到的最好的手推车，试图友好地鼓励我。表示感兴趣的评论很多且各种各样：这个推车很适合填平洞和沟，因为操作者站在洞或沟的边缘，很轻松地就能实现倾倒；很容易在脚手架上转弯，因为转弯半径较小；操作者不会拉伤背部，因为一旦车内的货物超过自己的体重，推车的人就会双脚腾空；可以把车轮支架做成弹簧式的，支架上部涂成红色、下部涂成绿色，弹簧的伸缩程度会随着货物的重量而变化，我们就可以根据弹簧呈现的颜色来判断推车人的用力程度。

成年人倾向于对事物进行判断，这无可指摘。要想运行一个模式系统，我们的确需要进行判断。

我们用判断来进行辨认和识别（如上一章所讲到的），我们用判断来找出正在使用的模式，我们用判断防止偏离模式。因此，成年人的所有负面评论都基于对判断的正确运用。这就是教师的负面评论占比略高于其他人的原因。

我认为人们应该运用判断。没有判断，我们就无法生存；没有判断，模式系统就无法运作。

但是，我们还需要创造另一个概念—— 转移。转移是为了在通道之间进行转换（见下图）。因此，我们既要保持在现有通道内使用判断，还要能够在想要改变模式时使用“转移”。这与汽车的不同挡位如出一辙：用一挡起步，用二挡巡航，用三挡倒车。所以，在思考时，我们要在需要判断时使用判断，在需要转移时使用转移。这就是思考“技能”。

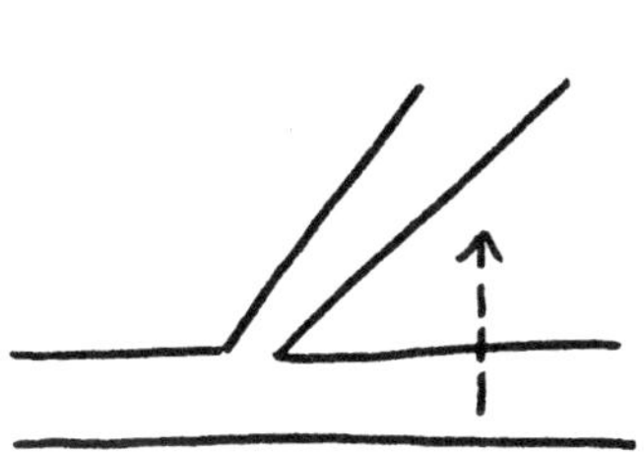

下图解释了“转移”的含义：

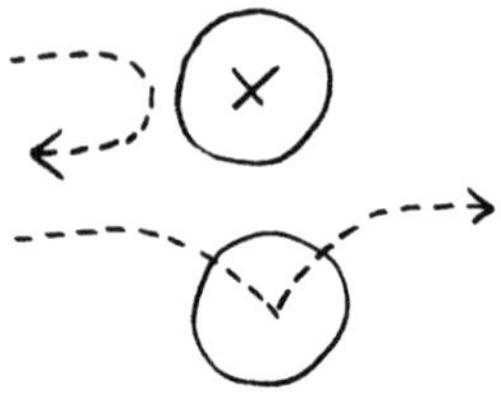

在判断中，我们会否定一个错误的想法，不予考虑；而在转移中，我们会思考这个想法的“转移价值”，将它看作一个垫脚石，从而帮助我们转移到其他模式。我们会探索它会将我们带向何方，会有什么其他可能性。当然，这并不是让大家把一个坏主意当成好主意，而是让大家跳出判断系统。无论这个主意是好是坏，我们都想利用它的转移价值。这种转移价值就是一种“挑衅”。

“po”这个词

我在很多年前创造了单词“po”。它源于 hypothesis（假说）、suppose（假设）、possible（可能）和 poetry（诗歌）等词。上述单词中都包含“po”这个音节。此外，所有这些词语都描述了对一个想法的“前瞻性使用”：这个想法会带来什么结果？上述单词所表达的概念，都包含了提出某个想法，看看它对我们的思考将带来哪些影响。从某种意义上说，它们都是挑衅性的而不是描述性的。“po”这个词直指挑衅，比刚才提到的词更直白、更强烈。比如，一个假说听起来应该有些道理，但“po”可以是完全离经叛道的。简单来说，“po”可以被理解为“挑衅性行动”（provocative operation）。

我们为什么需要“po”？简单来说，它可以提醒我们自己和他人，表明我们目前是在“转移”系统中操作，而不是在“判断”系统中。它与其他符号一样，是为了方便使用而提出的，并没有什么神奇之处。

“po”不同于英语“maybe”（可能）或日语中的“mu”。它不是悬而未决的判断或者不愿判断的问题，而是在判断系统之外的问题。

对“po”最好的定义是：“有个主意也许你觉得没有说出来的必要，但在说出来之后，它便有了意义。”

垫脚石法

下图展示了我们如何利用垫脚石的转移价值，从而更加轻松地从一种模式切换到另一种模式。

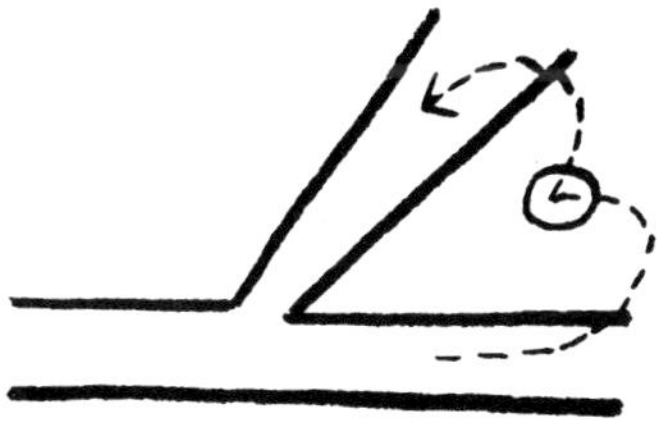

一次，我们在解决某小镇的停车问题。人们喜欢把车停在市中心，挡住了本应由购物者使用的车位。停车收费器可以解决这个问题，但我们想找一个更简单的解决方案。

我们的挑衅是：“汽车应该约束自己如何停车。”由此我们冒出一个想法：任何人都可以在任何地方停车，不过他要让车头灯一直亮着，表示只做短暂停留。这样一来，停车就具有自我约束性了。从某种程度上讲，这个想法也可以应用于有停车收费亭的城市。车头灯亮着，表示这辆车只在那里停留几分钟，因此不需要支付停车费。这样会增加停车场车位的周转率。

还有一次，我们在讨论河边工厂导致的河水污染问题：越是下游区域，河水污染就越严重。我们的挑衅是：“工厂应该在自己的下游。”这乍看是一个不合逻辑的说法。然而，它的“转移价值”很快就显现出来了，并且这一做法已经在一些国家得到落实。通常情况下，工厂的输入口位于其输出口的上游，而我们的挑衅引出了这样的建议：应该立法要求工厂的输入口位于其输出口下游，如果废水没有处理干净，工厂会自尝苦果。

在一次研讨会上，我提出了一个荒谬的挑衅：“飞机应该倒着降落。”这是进行挑衅的最简单的方法：颠倒。颠倒就是把一贯的做法倒过来，形成挑衅。形成挑衅的其他方法包括夸张、扭曲、设想理想的情景（如解决停车和河水污染问题的例子）和设想反常的情景，详情可参考《严肃的创造力》一书。飞机应该倒着降落的挑衅引发了我们的思考，这样飞机驾驶员的视野可能会更好。然后我们开始考虑飞机驾驶员应该坐在哪里：坐在飞机的顶部会更好吗？还是维持现在的位置（从早年间就一直沿用）呢？

“汽车的轮胎应该是方形的。”这一挑衅引出了约 12 种关于汽车和车轮的思考，包括但不限于：

- 充气时，内胎充至正常胎压，外胎低于正常胎压即可，这样抓地更牢；
- 可以设计一种螺栓，把方形轮胎固定到普通圆形轮胎上，方便在雪地、泥地或沙地上行驶；
- 可以安在汽车前轮旁边，作为导向轮，使汽车能够平稳地通过颠簸路面；
- 车胎表面设计螺旋纹路，避免打滑；
- 可以用作重型车辆的特殊“刹车轮”，通常不与地面接触，但在紧急情况下可以通过液压装置接触地面；
- 可以分别设计成驱动轮和拖车轮；
- 汽车可以逐渐升至半垂直位，从而更好地利用停车空间；
- 设计成分段式实心轮胎，减少爆胎和刺破问题；
- 可以设计成能改变形状、改变充气量的轮胎，等等。

大家可以试着进一步提出挑衅。可以进行上面这样的刻意练习，也可以在对话和思考中自然而然地获得灵感。最初被拒绝的想法可以暂时用作挑衅。换句话说，我们可以兼顾判断价值和转移价值。

请试着从下列挑衅“转移”到一个新想法：

1. 由冰制成的杯子。

2. 打电话只需拨一个数字。

3. 乘公交车可以得到报酬。

4. 学校每天都要进行考试。

5. 胖人会得到更多报酬。

6. 纸张一周后会变黑。

“转移”可以通过多种方式实现，比如提取主旨、时刻关注变化、关注异于寻常的点以及列举积极影响等。

脱离法

脱离法是指认识到我们的思考主线，然后从这一主线脱离出去。

在现实中，我们很难意识到那些习以为常的事情。使用脱离

法时，我们不能想当然地认为事物一定具有某个特质，而是要寻找是否有其他实现相同目的的可能。

那些想当然的点正是我们一贯的思考模式。比如，我们如果想打电话，就会去找公话亭，我们“想当然”地认为它们的收费标准是一致的。按照脱离法的思路，某些公话亭的收费标准是可以高于其他公话亭的，那么使用这个公话亭的人就会比较少。如果有人急需打电话，他们一般不会介意多付一点钱，就可以来这个公话亭而不必排长队。我们还想当然地认为每个公话亭里都只有一部电话。如果有两部电话呢？会有什么有趣的点或者能给我们带来什么方便呢？首先，如果其中一部坏了，可以使用另一部电话；其次，你可以边打电话边等别人的回电；此外，如果打电话的人很多，只要电话线足够长，能使两人保持一定距离，他们就可以同时打电话。

伦敦的出租车相对较少(约 11 000 辆,而莫斯科大概有 15 000 辆，纽约大概有 30 000 辆)。要获得出租车驾驶执照，司机必须进行笔试，笔试主要考察司机对街道、大使馆、酒店等位置的了解情况。准备这项考试大约需要 18 个月的时间，而在这 18 个月内，司机是无法搭载乘客赚钱的。我们想当然地认为出租车司机一定认得路线。现在我们设想一下，如果一位出租车司机不认得路,他会怎么办呢？他可能会问路。向谁问路？向他的乘客问路。由此，我们能得出一个有趣的想法。

我们可以把出租车分为两种：一种与现有的出租车相同，可供游客和外地人使用；另一种出租车的车顶上会摆着大大的问号，表示司机对道路不熟。后者可以为识路的居民提供出行服务，司机在了解路线的同时还能赚钱（如果没有乘客指导返程，司机可以查找地图或者打电话询问）。这样一来，出租车的数量会大大上升，这对居民、游客和正在了解路线的司机来说都是一件好事。

我们想当然地认为每个国家都只有一种货币。脱离这种观念，我们会得到一些有趣的经济现象，例如，一个国家可以拥有两种货币，它们相互之间有某种内在联系，从而提供了一种国家内部的金本位制度。

下列是使用脱离法得出的挑衅，请思考它们的转移价值：

1. Po 汽车方向盘无法转动。

2. Po 饮水杯没有底座。

3. Po 信封上不写地址。

4. Po 餐厅不提供食物。

5. Po 老师不在教室里。

6. Po 门没有把手。

关于脱离法的其他使用方式，请参阅《严肃的创造力》一书。

随机刺激法

这是所有方法中最简单也是最有趣的一种。目前，全球多数大型广告公司都在使用这种方法。随机刺激可以来自随机的物体、词语、人物、杂志或展览等。最重要的是，我们不能主动地进行选择，因为选择会受我们当前想法的干扰，反而会增强我们当前的想法，无法实现改变。我们要处在一个能够接触到随机影响的环境里，或者有意去寻找随机影响。

最简单的办法是找到一个随机词。我们可以随机翻开一本词典，用手随机指一个词语。

一次，我正在研究一个教师缺口很大的国家如何迅速培养起大批教师。通过上述方法，我找到了随机词“蝌蚪”。这个词与教师培训没有明显的关联。一想到蝌蚪，我们就会联想到它的尾巴，所以我们可能会说：“老师有尾巴。”在现实生活中，这句话可以理解为一名教师可以配备两名助手或学徒，最终这两个人也能胜任教师这一职位。通过这种方式，教师的数量可以翻番。我们还可以设立教师培训机构，引进在职教师对他人进行培训。

随机词能帮助我们找到一些不容易想到的思路。将红绿灯与香烟联系起来，由此想到了在距离烟蒂 1.5 厘米的位置标注红色警戒线，表示香烟抽到了对身体危害最严重的部位，应该立即丢弃。

乍一看，随机词和需要解决的问题之间似乎没有任何联系（如果该词确实是随机指定的）。但是，在一个模式系统中，这是说得通的。如果你住在伦敦，我把你放在伦敦的任何地方，你终究会找到回家的路（凭借你对这座城市的了解、查找地图或者向路人问路）。回到家之后，你会发现自己从一个之前没怎么走过的路线走了回来。这正是随机词的工作原理（如下图所示）。我们通常会顺着一贯的思路去思考，如果加入一个随机词，我们的思路会发散，并且与原本要解决的问题产生联系。我们可以顺着发散的新思路思考下去，看看能得出什么。

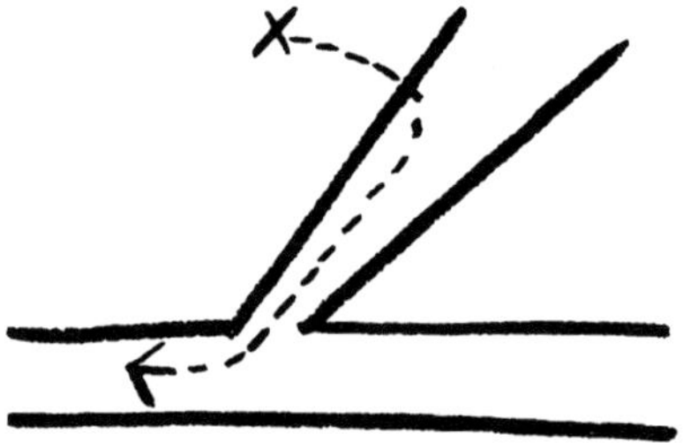

在实际操作中，我们有时会因为随机词与我们要解决的问题意思相近，而无法得到新思路，相反，我们很少因为两者含义相去太远而无法得到新思路。对此我并不感到惊讶，因为我们由随机词产生了联想，进而打开了其他词语，获得了更多联想。我们还可以从随机词中提取一个概念。例如，我们可以从“大象”这个词中提取出“庞大”这一概念，这一概念可以用在很多事情上。

有人向我反馈，通过使用随机词，他们在很多领域（金融服务、家庭用品、桥梁建设等）设计出了非常重要的新产品。

请使用所给随机词对下列情境产出新的想法：

1. 随机词“肥皂”：情境“设计家具”。

2. 随机词“森林”：情境“经营银行”。

3. 随机词“火箭”：情境“选择度假地点”。

4. 随机词“投票”：情境“减少城市交通拥堵”。

5. 随机词“云”：情境“鼓励节能”。

6. 随机词“报纸”：情境“一个新的电视节目”。

水平思考的一般用法

前文提到的垫脚石法、脱离法和随机刺激法能够帮助我们产出新想法和新思路。比起掌握方法来说，更重要的是态度，我们要拥抱水平思考，有意愿寻找更好的方案。从某种意义上来说，每种方法都展示了水平思考的一个方面。在垫脚石法中，我们更看重一个想法的转移价值而不是判断价值，这是一种积极的、建设性的态度。在脱离法中，我们侧重于关注想当然的事情，思考它们是否是唯一或最佳的方案，我们应该改进它们还是脱离它们。在随机刺激法中，我们不再主动寻找，而是接受随机的刺激。

水平思考的逻辑

研究自行组织的模式系统在感知中的运作，可以得出水平思考的逻辑。水平思考非常符合模式系统的逻辑。我们需要一些方法帮助我们从一种模式跨越到另一种模式，而不仅仅是在相邻的模式之间按部就班地挪动。

水平思考涉及变革，尤其是打破现有的传统模式。在后文中，我会讨论我们常用的变革方式，即通过批评和攻击。这个方法的缺点在于，我们必须先证明某件事不足以满足需求，并且我们有能力进行变革，之后才能考虑变革。

西方注重通过冲突或对立进行变革，日本人则不然。他们更喜欢通过探索、洞察和转换进行变革，这在很大程度上体现了水平思考。我写的每一本书都有日语版，在日本的人均销量远高于世界上其他国家和地区，我想这正是因为日本人倾向于进行水平思考吧。我们还应该注意到，日本人的这种思考方式并没有阻碍变革，反而给予了他们探索的自由。传统对于他们来说是变革的基础，而不是阻碍变革的壁垒。

6

思考与信息

我们要尽可能多地获取信息，同时也要思考。我们要思考寻找什么样的信息，在哪里能找到这样的信息。我们要思考如何最大限度地利用获取的信息，以及如何将这些信息整合起来。传统的教育观念认为，只获取信息就已经足够了，这是一种陈旧且危险的观念。

我们无法获取全部的信息，所以才需要思考。

在教育中，我们努力让自己吸收所有信息。随着需要吸收的信息越来越多，实现这一点变得越来越难。这就是信息供应的现实问题。思考不能替代信息，要想知道什么时候有飞往日内瓦的航班，我们需要查看航班表，仅凭思考是无法想出来的。

我们获得的信息越多，就越能有效地进行思考，采取更加合理的行动。信息有助于思考，因此我们将大量的时间都花在了获取信息上，而没有将时间花在思考这一技能上。

如此一来，我们陷入了困境。如果可以获取某一领域的所有信息，那就没有思考的必要了。如果不能获取所有信息，那么我们需要善于运用思考技能分析已有信息（如图所示）。简单来说：如果无法获取所有信息，那么我们应该把时间花在获取更多信息上，还是花在提高思考技能上呢？

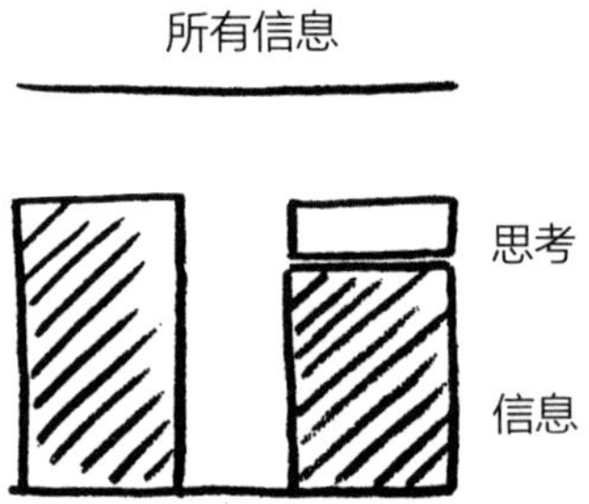

在某些事情上，我们可能会掌握所有信息，但更常见的是我们需要用思考作为补充。假设航班表上显示有一班从伦敦飞往日内瓦的航班，时间是上午 9：45，航班编号为 SR 815。我们知道了这一信息之后，还需要思考吗？答案是肯定的。我们要思考如何到达机场，要花多长时间到达，会不会遇到交通高峰期，是否有遇上恶劣天气的可能，从哪里查看天气预报最可靠，如果航班晚点怎么办，如果计划有变应该如何通知对方……这些都是需要思考的事情。

操作技能

我们永远无法预知未来的全部，必须借助思考。所有的行动、计划、决策和选择都将在未来得以实现。简单来说,未来是“行动”落实的时刻。然而，教育从本质上来讲是关于过去的，我们要整理、回顾、描述和吸收现有的知识。如果我们能够整合足够多的信息，就很容易判断出需要采取怎样的行动。但实际上，行动更加需要思考。我们要思考优先级、行动后果以及涉及的人。这些内容在 CoRT 思考课中都有讲到。对于做事的技能，我提出了“操作技能”这一术语。在学校教育中，它应该是一门与算术和读写能力同等重要的学科才对。

在思考“做事”的过程中，我们需要思考如何将经验应用到当前的情况中。

经验检索

如果我们能快速筛选出当前需要的经验，我们就是非常优秀的思考者了。但事实上我们并不能做到这一点，我们必须在过往经验中仔细寻找，才能找出当前真正需要的经验。思考有一个很大的缺陷，我们称之为“点对点”思考。在这种思考方式中，我们的思绪从一点漂移到另一点，没有经过系统性的检索。我们在伦敦召集了一群 11 岁的孩子，将他们分为 24 组，问他们如何看待“应该免费提供面包、鱼和牛奶”这一建议。他们之中有 23 组认为这是个不好的主意，虽然其中不乏家境贫困的孩子，这些孩子只是偶尔买得起牛奶。点对点思考的典型思路是这样的:“如果免费提供这些物品，那么人人都会争相领取。商店和公交车会人满为患。公交车司机会要求加薪，如果加薪不成，他们就会罢工，其他人也会跟风罢工。所以这不是个好主意。”在这种思路中，每一点都只与下一点相关，并没有对这个建议本身进行检索。

经验和学到的知识是我们主要的信息来源，因此，我们需要一种通用的检索工具对其进行检索。CAF（consider all factors，考虑所有因素）和 C&S（consequence and sequel，结果和后续事件）正是这样的工具，它们能够规避思考的自我中心化倾向，也能避免短视。

CAF

CAF 像 PMI 和 APC 一样，也是一种注意力引导工具。换句话说，它能将对某一件事宽泛的思考变得具体化。“进行 CAF”需要我们考虑某一事件中的所有因素，但不评价这些因素。比如，对购买一辆二手车进行 CAF 可能需要考虑以下因素：价格、车辆使用过往、前车主、现车主、里程表公里数、公里数是否被更改、再出售价值、比较官方报价和其他供应商报价、车况、汽油消耗、机油消耗、轮胎状态、锈蚀、行驶证状态、适用性、配件成本、服务点离家的距离，等等。以上列出的并不是所有因素，这些项目也没有按优先级排序，其中一些甚至有交叉。例如，“车况”可能包括“锈蚀”和“轮胎状态”等。如果有需要特别关注的因素，可以单独列出。宽泛的标题虽然覆盖面更广，但它无法将注意力引导到每一个因素上，因此把它们单独列出来是很有帮助的。

在进行 CAF 时，我们的重点是“是否有遗漏的因素？”以及“我们还应该考虑什么？”。例如，一对年轻夫妇买了一张大床，往家里搬床时发现床太大了根本进不了门。他们在购买时忽略了床的尺寸与门的尺寸是否适配。

请对下列情境进行 CAF，列出需要思考的所有因素：

1. 选择一份职业。

2. 策划一场生日聚会。

3. 设计一把更好的椅子。

4. 写一篇侦探故事。

5. 赠送一件礼物。

6. 选择一只宠物。

C&S

思考是短期的，因为我们对一个行动方案的喜欢或厌恶总是即刻产生。我们更关心接下来会发生什么，未来的事未来再说。在后面的章节中，我会接着探讨价值观和情感，里面提到了社会创造了各种方法，为的是让我们以更长远的方式进行思考。

C&S 思考任务能够让我们刻意思考行动或决策的后果。我为大家提供 4 个时间段以供参考：最长 1 年的即时后果；1 ~ 5 年的短期后果；5 ～ 20 年的中期后果；超过 20 年的长期后果。这些时间框架可以根据具体情况进行修改。

在进行 C&S 时，我们需要刻意关注时间框架。就像在 PMI 中依次关注加分点、减分点和有趣的点一样，在 C&S 中，不同的时间段依次成为我们的关注点。这项能力练起来出人意料得难，因为它不是自然而然发生的。此外，难点还在于我们对分配时间段的抗拒。我们知道某个后果可能会在“某个时候”发生，但对发生的具体时间不太确定。C&S 工具正是用来规避这种不确定性的。

举一个例子，对太阳能技术的重大突破进行 C&S，可能会得出以下结果：

即时（最多 1 年）：相关公司的股价迅速变化；石油价格略有下降；新的建筑设计会为太阳能电池板预留空间。

短期（1 ～ 5 年）：石油价格进一步下降；发展远不如预期；沙漠城市的房价开始上涨；第三世界国家为实施大型计划筹款。

中期（5 ～ 20 年）：有的项目投入运行，有的项目遭受挫败；人们更清楚地认识到哪些领域最需要太阳能技术；技术有了进步；石油价格再次上涨；人们尝试用氢气作为汽车燃料。

长期（20 年以上）：考虑到定价和便利性，人们在能源的使用上出现很大分歧；太阳能开始广泛用于交通以外的领域；石油价格上涨更快（用于交通、用作化工原料）。

在进行 C&S 时，时间框架可以根据具体情况进行调整。例如，对于一种新的服装潮流来说，它的即时后果可能最多只有 1 个月；短期后果最多 3 个月；中期后果 3~6 个月；长期后果 6 个月以上。进行 C&S 前需要预先设定时间框架。

作为练习，请对以下情况进行 C&S。请为每种情况分别设定合适的“即时”“短期”“中期”和“长期”后果。

1. 废除所有的校内考试。

2. 两个人分享同一份工作。

3. 汽油变得非常昂贵。

4. 在太空某处发现了生命。

5. 制造反重力机成为可能。

6. 婚姻只持续 5 年。

使用 CAF、C&S 等工具进行经验检索是一种拓宽感知的方法，感知是一种大智慧而不是小聪明。需要注意的是，C&S 所列出的后果不一定会真的发生：所有关于未来的思考都是推测性的，都是基于“可能”会怎样，只是它们的可能性会有不同。

密集型聆听和密集型阅读

好的聆听者其实很少。一位好的聆听者会慢慢聆听对方所说的话，既不会急于知道结局，也不会妄下判断，更不会坐在那里构思自己应该如何回应。他会专注于对方所说的内容，领会其言外之意，通过体会字里行间的含义最大化地提取信息，并且思考对方为什么会以这样的方式表达。这是一种主动聆听，聆听者依靠想象力推测出了各种“可能”。

密集型阅读就像密集型聆听一样。读者能领会到文字的言外之意，思考字里行间的暗示。与之相反的是快速阅读，快速阅读只关注内容概要。如果你只想知道发生了什么、结局如何，密集型阅读就不适合你。这两种阅读风格都有其适用的情况和存在的价值，而思考技能就在于知道在哪种情况下使用哪种方法。

密集型阅读需要进行大量思考。我们需要根据所读的内容思考各种可能性，这样才能领悟到言外之意。

我在巴塞罗那讲课时说过这样一句话：“我感觉巴塞罗那似乎有很多鞋店。”这句话可能有以下含义：

1. 我去过当地一个有很多鞋店的地方。

2. 我可能是步行前往，而不是开车去的。

3. 那里有一个地方开了很多鞋店。

4. 我可能想买几双鞋，或者对鞋店有其他特别的兴趣。

5. 在西班牙卖鞋的利润很高。

6. 当地人经常买鞋。

7. 游客喜欢在巴塞罗那买鞋。

8. 那里的鞋更容易穿坏。

9. 鞋店的店面都不是很大。

10. 巴塞罗那的企业财产税比较低。

11. 在城市的其他地方鞋店可能比较少。

以上含义大多数都是高度推测性的，仅仅是基于“有可能……”推测出的。通过这一句式，我们的思绪可以无限发散。在阅读文章时，我们展开的种种推测会有重叠，这些重叠部分汇聚在一起形成了更加确定的事情。比如，如果文章提到巴塞罗那的企业财产税很高，那么很可能是鞋子的销量很高，或者卖鞋的利润很高。同样，如果文章提到巴塞罗那是一个旅游中心，那么就增加了前一种推测的可能性。

密集型聆听和密集型阅读没有什么特别的诀窍，重要的是要有决心去做。

逻辑

逻辑是一种生成信息的方式，它可以从已有信息中提取出更多的信息。例如，我们可能不知道从 A 到 C 是否走得通，但我们知道从 A 到 B 走得通，从 B 到 C 也走得通。将这两条信息联系到一起，我们可以推断出从 A 到 C 也走得通。

前文提到的分类型逻辑是另一种帮助我们提取信息的方法。如果可以证明某物是某个群体的一员，我们就可以推断该物具有该群体的所有特性。我们之前提到过，虽然这是一个循环式的问题（如果不知道它是否具有该群体的所有特性，那就不应该把它归入该群体），但这个方法确实很实用，特别是在处理词语而非实际问题时。

逻辑的另一个作用是构建一种特定类型的信息宇宙（就像数学一样），然后探索存在于这个宇宙中的关系。不过，我们不能将在这个特殊宇宙中得出的结论照搬到现实世界中。

例如，在一个球体（或圆形轨道）上，我们在远离A点的同时，从另一个角度讲，也是在朝A点靠近。这种说法显然违背了矛盾法则。

前文所讨论的推测，是基于"有可能"这样的推断。逻辑寻求的是更为确定的结果，是基于"一定是"和"不可能是"这样的确切表述。在逻辑中，我们不再探索各种可能性的重叠，而要一步一步地进行确切的演绎。

在适用的系统中应用逻辑是非常有效的，但将逻辑应用到现实世界中并不像许多人所说的那么简单。

获取更多信息

我们已经讨论了如何更好地利用已获取的信息。从外部获取更多信息包含三个方面：利用信息来源、提问和做实验。

利用信息来源是一个完整的领域，但它没有引起人们的足够重视。我们要知道去哪里搜集信息以及如何搜集信息，这与掌握思考技能同等重要。这一点有些类似于解决问题：我们要知道自己的目的地是哪里，然后探索到达该目的地的方法。

如何提问

律师在工作中经常会巧妙地进行提问。总的来说，我们所提的问题分为两种。第一种是“SQ”（shooting question，瞄准问题），在问瞄准问题时，我们的目标非常明确，通常希望得到“是”或“否”的回答，在提问时我们要让问题便于对方用是或否来回答。我们希望得到对方的肯定或是拒绝。例如，“昨天你去伦敦了吗？”之所以把这种问题叫作“瞄准问题”，是因为我们清楚地知道提问的目标是什么。

第二种类型是“FQ”（fishing question，钓鱼问题）。我们将诱饵放入水中，然后静待上钩。“昨天你去了哪里”就是一个钓鱼问题，因为我们不知道答案是什么。钓鱼问题可以用来打开局面。此外，如果事情有多种可能性，需要提出一系列瞄准问题才能缩小范围，那么我们也可以使用钓鱼问题。钓鱼问题同样需要有一定程度的针对性，比如，“昨天你去了哪里”比“昨天你做了什么”更有针对性。

我们提问时都会带有一定的意图。重要的是明确我们的意图，然后找到实现这个意图的方法。设计问题有时并不像看起来那么容易，提出一个老生常谈的问题不难，但要高效地提问却并不简单，在设置问题时需要让问题尽量简洁。

作为练习，请针对以下情况提出两个 SQ（瞄准问题）和两个 FQ（钓鱼问题）：

1. 确认某人是否度过了一个愉快的假期。

2. 寻找一个新的用餐地点。

3. 了解某人喜欢做什么。

4. 找出某人突然得到一大笔钱的原因。

5. 询问某人一起两车相撞的交通事故。

6. 决定购买新相机。

做实验

做实验就像是我们向环境提出问题一样。从实验是否会成功这个角度来说，做实验是一种瞄准问题。我们确实是抱着某种希望和期待进行实验的。这里有一个简单的游戏，能告诉我们如何设计实验。有人画了一张简笔画，这张简笔画包含某个“隐藏”特性，实验者必须通过“实验”来找出这个隐藏特性是什么。每做一次实验，就画一张新图。如果新图也包含这个“隐藏”特性，则实验成功，用对号标记；如果不包含该特性，则实验失败，并用叉号标记。

下图是这一游戏的一个示例：

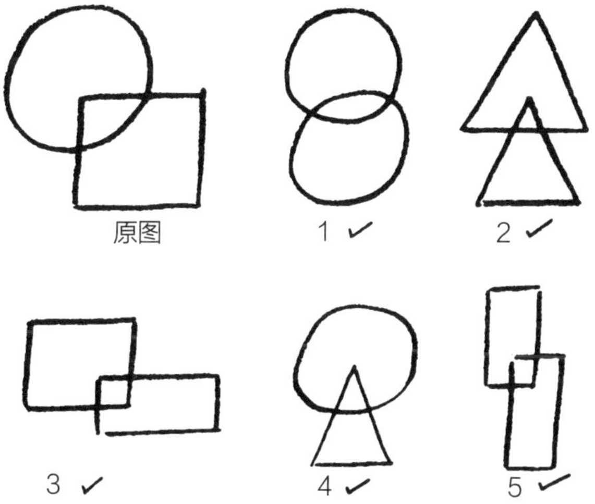

上图展示了原图以及后续的几次实验，这些实验都成功了，但这位实验者并没有取得太大的进展。请将上图与下图进行对比：

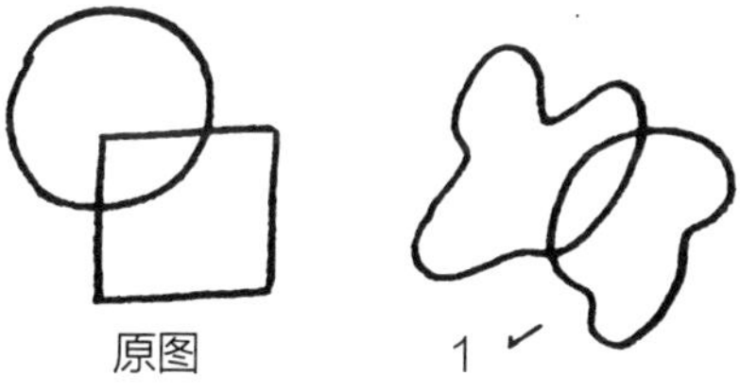

第二位实验者只进行了一次实验，却比第一位实验者取得了更大的进展。不规则图形标记了对号，说明隐藏特性不是只有规则图形才有。这次实验取得了重大进展，它提出了一个非常大胆的假设，立刻排除了只有规则图形的可能性，无须逐一进行验证。

与设计问题一样，设计实验同样需要仔细思考。我们从实验中能够得到的最大收获是什么：是最大限度地进行确认，还是最大限度地获取更多信息？

负面信息也很重要。在某些情况下，负面信息甚至比正面信息更为重要，因为负面信息可以排除一系列可能性。

筛选信息

数学课本中的问题一般设置得非常简洁，寥寥几句就提供了解题需要的所有信息，老师会鼓励学生将提供的信息全部利用起来。然而，生活不像课本那样简洁明了。有时我们没有足够的信息来解决问题，有时又可能出现信息冗余。我在《五天思考课》一书中设置了一个问题：如果用刀搭起一座桥，这座桥要托起一杯水和一些瓶子，需要几把刀才能实现呢？我当时说需要 4 把，实际上只需 3 把就可以实现。我收到了很多言辞激愤的来信，说我在骗他们，明明 3 把刀就够了，我却偏偏说 4 把。

筛选出相关信息是信息思考的重要组成部分，尤其是当获取信息会耗费大量时间、金钱和精力时，这一点更为重要。

FI-FO

FI-FO 也是一种 CoRT 思考工具，代表信息输入和信息输出。这一工具能帮助我们刻意去梳理已经获取了哪些信息，以及还有哪些信息是尚待挖掘的。

对于已经获取的信息，我们可以用前文提到的“密集型”方式进行探究,从中提取出所有的言外之意和逻辑推理。这是“FI”的部分。

然后，我们要探究信息中的“缺口”部分。找到缺口并不容易，因为这需要我们进行推断。我们要想象需要哪些信息，进而发现缺少的信息。我们需要仔细地确定、列出这些缺口。我们既要意识到自己掌握了哪些信息，也要意识到还缺少哪些信息。

作为练习，请对下列情况进行 FI-FO，列出通常来说有哪些已经掌握的信息以及尚待挖掘的信息。

1. 选一个新的度假地。

2. 借钱买房。

3. 购买棋盘游戏。

4. 举办聚会。

5. 决定是否参加一门语言课。

6. 与他人共用一个帐篷。

信息对于思考的两个用途

信息和思考都是我们需要的，二者不能相互替代。信息对于思考来说有两个用途。第一种用途直指信息本身——获取信息；最大限度地利用我们已经获取的信息；检查信息。第二种用途是利用信息实现思考的目的：决策、行动、选择、规划、设计或享受思考。

7

与他人相关的思考

在大多数情况下，思考并不是为了解谜和玩游戏，而是为了了解他人。

遗憾的是，西方文明发展出一种没有意义、效率低下且后患无穷的思考方式，并且现在依然鼓励这种思考方式。西方文明在理论和实践中一直沉迷于“冲突”系统，即两种对立的观点争夺胜负，比如争论、辩论、普遍的对抗制度以及辩证法。这种方法渗透到我们的政治、法庭、商业决策和日常生活中。我们深信从观点的冲突中会产生更好的观点，甚至将这种办法看作变革的唯一方式。

然而，冲突系统有很多缺点。随着一方进攻，另一方防御，每个观点都变得越来越僵化，无法进一步发展（如下图所示）。进攻和防御的需要阻碍了人们进行深入思考。政治家们对思考和新兴思想的兴趣较其他群体来说往往会更少，我想这就是原因所在吧。

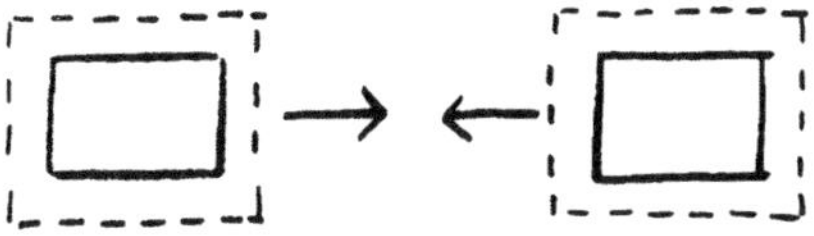

在冲突系统中，某一方的观点最终会占上风，就像在政治选举中一样。另一方则会感到愤怒、失望，不愿意让新系统运作（如下图所示）。在某些选举体系中，失败者可能多于胜利者，对于这种愤怒的情绪必须予以重视。

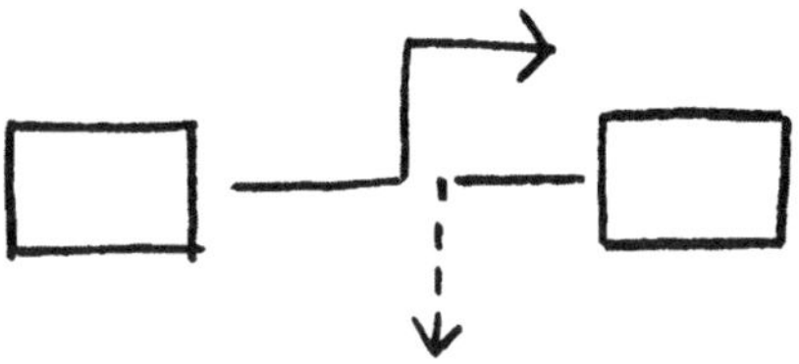

冲突系统的最大缺点在于，要想变革，我们必须先攻击现有的观念，证明它的不足。这是一种荒谬的想法。一个观念之前是个好主意，现在可能依然是个好主意，但这并不排除可能存在更好的主意。我们如果无法证明现有的观念是不足的（尤其是从该观念创建的概念中进行证明，更难找到证据），就无法探索变革。冲突系统的另一大缺点是，如果必须摧毁现有的观念才能寻找更好的观念，那么万一我们找不到更好的，就没有回头路了，因为根基已经被我们摧毁。这是对抗性政治的一大危险，双方花费大量时间攻击对方，结果两败俱伤，双方的可信度都受到了动摇，没有赢家。在日本的体制中（前文提到过），人们不必攻击现有模式就能探索变革，这不仅节省了时间，将精力用在了更有意义的事情上，而且在找到更好的方法之前，现有的基础仍然是有价值的。

西方的这种奇怪的思维习惯是如何产生的呢？原因其实很简单。在中世纪，思想和学习基本掌握在教会手中（文明也是如此），其他人则忙于打打杀杀。教会掌管着学校和大学。因此，教会思想家的主要作用是维护现行的神学，因为在那个时代神学非常受重视。这就意味着他们要攻击和消灭那些不断涌现的异端。这是一项艰巨的任务，因为许多异端分子也是聪颖智慧的人。因此，争论和摧毁性批评等技能逐渐发展起来。一切看起来井然有序，对思考的运用也很得当。如果你能证明异端是无稽之谈，那么就保护了现行神学的完整性。由于神学是用语言表达的，所以这些争论主要是语义争论，从而产生了一种只适用于语义争论（经院哲学）的思考方式。在古希腊哲学和苏格拉底对话等的推动下，这种争论方式愈发盛行。

由此，冲突系统应运而生。由于教会控制学校和大学，冲突系统便成为西方思维的主导。大学和学校会任命与自己观念一致的继任者，因此冲突系统一直沿用至今。近年的《泰晤士报》中有一篇社论称，很多人认为批判性思维是教育的目的。可是他们忘了，只有当我们进行了建设性的思考之后，批判才有价值。

冲突系统对人们有着巨大的吸引力，这不难理解。人们不必进行深入思考也能进行批评，这种系统为人们在思考上的懒惰提供了庇护所，这其中既有心智平平的人，也有才华横溢的人。心智平平的人会发现批评很容易，因为这是一种最廉价的思考方式。换句话说，人们可以站在不同的角度来批评任何事物。比如，如果设计师设计了一把简简单单的椅子，人们可能会说这个设计“刻板”“乏味”“毫无生气”；但是，如果设计师设计了一把比较精致复杂的椅子，人们又可以站在另一个角度说，这个设计太“烦琐”“做作”“过分复杂”（甚至“庸俗”）。

多年前，我在《泰晤士报高等教育副刊》的专栏中首次提出，学校应该将思考作为一种技能教给学生，这一观点引起了一些人的反对，他们认为这样做既不对，也做不到。一年后我回应道，实际上我们一直以来都在做这件事，但感兴趣的人寥寥无几。不久前，某位教授表示 CoRT 思考课的授课内容是行不通的，可他忽略了一点，多年来我们在几千所学校都开设了这门课（包括离他很近的学校），而且起到了作用。

因此，提出批评对于心智平平的人来说真的太轻松了。可惜的是，才华横溢的人也喜欢批评，比如前文提到的“智力陷阱”。这是因为提出批评能立即给人一种成就感和优越感。西方文明中许多非常有才华的人也陷入了这种毫无建设性的模式，实属可悲。批判性思维的盛行，并不是因为创造性思考过热，需要平衡。相反，我们需要付出巨大努力发展设计性思考、建设性思考和创造性思考。在我看来，我们的教育机构真的很难做到这一点。

不仅如此，证明别人是错误的，在一定程度上就证明了自己是对的。这在中世纪神学中确实适用，但不适用于今天，因为现实世界不是一种建构的神学。现在，如果你证明了别人是错的，而他也证明了你是错的，那么你们两个很可能都是错的。

不合理地使用批判性思维有可能会毁掉一个好主意。一个主意可能 90% 是正确的，10% 是错误或者有缺陷的。现在，人们不去思考如何把错误的 10% 变得正确，而是抓着它的缺点不放，指责提出这个主意的人非常愚蠢，使得原本正确的 90% 听起来似乎也不明智。

我们稍作思考就能明白冲突系统的不合理性以及它为什么那么有吸引力。冲突系统的存在是有价值的，但由它主导西方文化是荒谬的。

当然，在批评这种现象时，我自己也沉浸在消极思维之中。以子之矛，攻子之盾。

展望法

接下来我们讨论一下如何进行建设性思考。如果冲突和辩证法都无济于事，我们有什么替代方法呢？展望法就是一种可以选择的思考方式，这种方式涉及读取“地图”和创造性设计，它是建设性的而不是破坏性的，可以帮助人们从情境中“引导”或“提取”出有价值的方面，无论这个价值是由谁发现的。

展望法并不是让我们妥协或者达成共识。妥协仍然属于冲突系统，双方都要放弃一些东西才能获得一些东西。共识是要选出所有人都同意的部分，这是一种被动的、寻找最小公分母式的方法。展望法更像是日本人使用的渗透法，从一开始就不会将人们的不同观点对立。人们会相互倾听，共同探索，之后才逐渐形成观点。经过多次讨论之后，大家的观点开始融为一体。而在西方体系中，人们在第一次讨论中就会提出自己的观点。

展望法不是针对观点，而是针对“地形图”。这恰恰体现了“智力陷阱”和 PMI 之间的不同。

展望法的重点是前瞻性设计，而不是对每个阶段进行判断。我们接受可能性，将每一种可能并列展开，进行前瞻性的设计（这种方法在《水平思考》一书中也提到过）。

CoRT 思考工具也是为了实现展望法的作用，是一种探索性的工具，帮助我们绘制思考“地图”。

EBS

辩论中的人会试图寻找对方论据的弱点。EBS 是 examine both sides 的首字母缩写词，意思是“探究双方”。这是一种探索性的探究，探索对方观点背后的“地形图”。这种探索是中立的。在课堂中，我们可以先让学生提出自己的观点，然后站在对方的立场上提出观点。这种方法不是为了展示辩论能力，而是鼓励我们真正地探究双方的观点。我们鼓励学生以这种方式探究双方，而阅读文章无法得知哪一种观点更为有利。EBS 并不是让我们放弃自己的观点、价值体系或者偏好，但这些应该是在进行平等的探究之后才会形成的，而不是在此之前就形成了。

EBS 是一种注意力引导工具，它看似简单，实则不易掌握。因为人们往往不愿静下心来认真探究对方，害怕太深入的探究会动摇自己的立场。

从某种程度上说，EBS 有点类似于在战时对敌方领土进行彻底的侦察。二者的区别在于，在战时侦察中，我们是在寻找要轰炸或者破坏的地方；而在 EBS 中，我们是带着建设性的目的进行侦查。掌握 EBS 的难点在于，我们在探究对方的观点时，很难放下敌对和攻击的情绪。保持探究的中立性和客观性是非常重要的。我们需要以中立的态度，做一个坚定的地图绘制者。

作为练习，请对下列情况进行 EBS，探究双方的观点：

1. 所有公共场所都应该禁止吸烟。

2. 进行社区服务应该成为所有年轻人的义务。

3. 应该提高个人所得税税率。

4. 应该对猫狗买卖征收高额税款。

5. 应该延长学校教育至 18 岁。

6. 家庭主妇应该得到报酬。

ADI

EBS 地图绘制练习引出了 ADI，它是 agreement、disagreement 和 irrelevance 的首字母缩写词，代表同意、分歧和无关。进行 EBS 之后，我们对双方的地图进行比较，找出双方都同意的部分、有分歧的部分和无关的部分。一般来说，如果双方真正中立地进行了 EBS 探索，他们会发现存在分歧的部分其实很少。在辩论中，双方观点的对立看起来犹如天壤之别，这是因为双方都不肯让步，怕对方利用自己的让步来攻击自己。进行有效的 ADI 之后，双方都能够直接指出有分歧的部分："我们真正的分歧是这一点。"通常来说，双方都同意的部分会比较多，我们可以此为基础，试着绕过分歧去解决问题。这样的谈判基础会更为坚实。

单独列出分歧，能够让我们对分歧进行深度探究，弄清双方的分歧是不是根本性的。无论结果如何，与对抗制的反对相比，这样做更容易取得进展。即使双方的分歧涉及根本原则或者价值观，这种做法也更有可能产出一个让双方都满意的结果。例如，如果双方都同意最终必须做出改变，那么产生分歧的点就是改变的速度、方法或者阶段。

ADI 可以由双方分别完成，也可以一起合作完成。最好是合作完成，但这取决于他们的情绪。如果双方对抗情绪严重，最好分别进行 ADI。即使一方不愿意进行，另一方也可以单独进行，然后将结果呈现给对方进行修改。

下面我们来看一个例子。一个 15 岁的女孩想要吸烟，她与父亲进行了争论，他们的 ADI 如下：

同意

- 双方都有权发表自己的观点。
- 吸烟对健康有害，并且有长期影响。
- 有很多这个年龄的女孩都吸烟。
- 父亲有权在自己的房子里禁止吸烟。
- 买烟要花很多钱。
- 女孩迟早要做出决定。

分歧

- 父亲是否只是因为女儿住在他的房子里就有权替女儿做出决定。
- 每天只吸一点点烟是否有害。
- 双方争论的究竟是吸烟本身还是女孩的独立性。
- 如果女孩现在不吸烟，她是否会永远不吸烟。

无关

- 苏茜的父亲允许苏茜吸烟。
- 父亲也禁止了女孩做一些其他的事情。
- 父亲自己也吸烟。
- 吸烟者不会伤害其他人。
- 女孩可能会变成一个叛逆的人。
- 女孩会偷偷地吸烟。

作为练习，请对下列情况进行 ADI：

- 1. 邻居在晚上大声放音乐。
- 2. 工人想要加薪，但管理层表示这样会大大提高商品的价格。
- 3. 将要修建一条道路，这条路会穿过一个乡村景点。
- 4. 一个 17 岁的女孩希望父母不要规定自己晚上回家的时间。
- 5. 制片人想在电影中加入很多暴力元素。
- 6. 违章停车的罚款翻番。

逻辑泡泡

如果有人反对你的观点，或者不去做你认为他应该做的事情，有几种可能。也许他很愚蠢、固执，或是存心刁难你。不过还有一种可能：他其实非常聪明，只是在依据自己的逻辑泡泡做事罢了，而他的逻辑泡泡恰好与你的不同。如下图所示，逻辑泡泡是一个人的感知范围，包括对环境、结构、背景和关系的感知，我们都在这个范围之内做事。

在某些情况下，聪明人似乎挺不讨巧的。比如，一个在一家大型官僚机构工作的人想要在单位进行创新，结果却失败了，这个失败会成为他职业生涯中一个抹不去的印记。他很难像在商业领域打拼的人那样，可以通过后来的成功证明自己的能力。如果他的创新奏效，人们很可能责怪他为什么没有早点想到或者为什么没有早点实施。而且，人们也许会把他看作一个“主意多的人”，虽然这个主意奏效了，但不一定每一个主意都能奏效。当选拔部门负责人的时候，“稳妥”的人往往比“主意多的人”更受青睐。鉴于这些原因，创新并不是明智的行为，生存才是王道。因此，在特定的逻辑泡泡内，人们会按照里面的逻辑做事，这无可指摘。

一家公司的员工经常自发罢工。只要有人带头，他们为了不让带头的同事失望，就会纷纷响应。后来，公司为每周完成了工作且没有参加罢工的员工多发一小笔奖金。与每周的工资相比，奖金其实很少。此后，这家公司的罢工减少到原来的 1/6。这是一种贿赂吗？其实这只是改变了大家的逻辑泡泡。现在，员工们不再只是跟风罢工，而是会思考“为什么要这么做”。虽然他们可能像往常一样愿意罢工，但公司通过改变逻辑泡泡改变了员工的思考方式和决策。

虽然我们不是每一次都完全按照逻辑泡泡做事，但这种方法还是很实用的，我们不再责备他人愚蠢（愚蠢很难改变），而是将注意力集中在这个人所处的环境上（环境改变起来相对容易一些），这样他人的行为就很符合逻辑了。

逻辑泡泡既包括一个人周围的实际环境，也包括他对情况的“感知”。比如，一个人可能因为奖励而乐意去做某事，但他也有可能认为这是一种贿赂。

一家公司想要使高管们更加重视新的商机，于是聘请我担任顾问。我建议建立一个风险基金，高管可以将里面的资金投入新的商机，不需要压缩其他业务的运营预算。一名高管表示，他不想“冒险”使用风险基金，因为别人很可能就他如何使用风险基金而对他进行评判。换句话说，他的逻辑泡泡考虑到了公司一直以来都有规避风险的传统，因此设立风险基金的初衷被否定了。不过他承认，公司这样的做法让他敢于在新的领域寻求商机了，但他还是要用自己部门的预算。

绘制出当事人的逻辑泡泡在任何情况下都是有帮助的。这一点在设置激励方面尤为重要。管理者认为激励非常重要，但激励取决于那些被激励的人有怎样的逻辑泡泡，而不是管理者有怎样的逻辑泡泡。对于变革也是如此，建议变革的人确信变革的价值，但是贯彻变革的人有自己的逻辑泡泡，变革通常意味着风险、麻烦和地位的改变。

作为练习，请分析下列情况中人们的逻辑泡泡：

1.一位海军军官认为他的上级向他发出的命令是错误的，可能会导致碰撞。

2.一位娱乐专栏作家发现了一个好素材，但这件事涉及她的朋友。

3.达尔文发现，阿尔弗雷德·拉塞尔·华莱士（Alfred Russell Wallace）先于他提出了自己多年来一直在研究的进化理论。

OPV

OPV 也是一种 CoRT 思考工具，它与 EBS 和逻辑泡泡有一部分交叉。这是一个更简单、更方便的工具，可以引导我们关注事件中涉及的其他人。OPV 代表 other people's views，意思是“其他人的观点”。在使用这个工具时，我们要站在他人的立场，从对方的角度看待世界。

进行 OPV 分为两步：第一步要确定涉及哪些人，第二步要设身处地地站在他们的角度思考问题。比如，如果对基本农产品价格上涨进行 OPV，第一步我们要确定这件事涉及农民、批发商、零售商、食品加工商、食品买家、经济学家、政府等。然后我们要站在他们的立场上去思考。比如，零售商可能会很高兴，因为如果他们同比例提高零售价，就能赚到更多的钱。可是，如果人们减少购买此类食品或者购买其他食品作为替代品，他们就可能会赔钱。食品加工商可能也会受到影响，因为他们必须花更多的钱购买必要的食材。不过，如果人们减少购买新鲜食物，转而购买更便宜的加工食品，那么食品加工商就会从中受益。

一家位于小城镇的玩具公司发现，只有当自己的产品价格严格控制在某个范围时，才能与进口玩具竞争。生活成本推高了工资，工人要求加薪，希望拿到与其他行业的工人差不多的薪酬。工会支持这一诉求。这一事件中的 OPV 如下：

工厂所有者

- 如果工厂经营亏损，就会面临倒闭。
- 管理层应该更有成效，研发新的产品。
- 投资房地产或政府债券能获得更好的回报。

经理

- 如果工厂倒闭，自己会失业。
- 对于工厂所有者来说，研发新产品说起来容易做起来难，如果新产品同样面临价格竞争该怎么办？
- 对于工厂所有者来说，增加产能也是说起来容易做起来难，上一次的产能提高已经接近极限。
- 工人必须做好面对现实的准备，工厂也许会生存下来，也许会倒闭。

工人

- 通货膨胀导致食品和其他商品价格上涨，要想保障生活，加薪必不可少。
- 利润会暂时缩减。
- 管理层应优化营销设计。
- 政府应该对来自廉价劳动力国家的进口商品征税。

工会领导

- 必须维护工人的利益，确保工人的待遇公平。
- 薪资不合理的情况会蔓延到其他工厂，最终普遍影响人们的收入。
- 工厂所有者负有社会责任，因为工厂的业务是靠广大工人们建立起来的。
- 管理层应更好地发挥作用。
- 可以借钱度过困难时期。

家人

- 需要挣更多的钱养活家庭。
- 要么降薪，要么失业，真的没有其他选择了吗？
- 需要准备换工作吗？
- 情况会有所好转吗，还是会变得更糟？
- 工会为什么不能更好地发挥作用？
- 发放的工资数额要对得起工人一天的劳作。
- 工厂真的会倒闭吗，还是仅仅是个口头威胁？
- 政府应该对廉价进口商品采取措施。

如果写得更全面一点，这里可能还会涉及政府（以及贸易保护主义）、普通的玩具消费者、玩具制造商和进口商、第三世界生产商等。

进行 OPV 并不是要求我们为他人寻找合理的借口开脱，也不是让我们说出他人心中的抱怨和不满然后进行指责。OPV 是让我们客观地从他人的角度看世界，或许还要对他人的实际观点进行补充。换句话说，这是“立场”观点和“实际”观点的结合。

与前文介绍的 APC 不同，OPV 并不是给出一般的替代观点。我们的重点首先是特定立场上特定的人，然后才是他们的观点。

作为练习，请对以下情况进行 OPV：

1. 一名学生因霸凌而被学校开除。

2. 一名女性指控她的雇主对她有性别歧视。

3. 一名政府官员想撤回他向记者透露的一条机密信息。

4. 一家公有制公司的销售经理被告知，在某国做生意必须进行贿赂。

5. 一名年轻人想吸烟。

6. 在一个小乡村附近建了一家大商店。

建设性的设计

本章所讲的绘制“地图”的方法（即 EBS、ADI、逻辑泡泡、OPV），能帮助我们更全面、更清晰地掌握情况。这种方法非常有价值。我们的地图越是清晰完整，就越容易找到方向。

也许地图会告诉我们，对方根本不想解决分歧，因为分歧对他来说是有利的。在这种情况下，最好的办法或许是维持礼貌，允许浅层分歧，将真正的问题以建设性的方式进行解决。

必要时，我们可以在展望法的第二部分对结果或行动方案进行建设性设计。从某种程度上说，这是一种“解决方案”，但这个词过分强调解决整个问题，而实际上我们能找到的可能只是暂时应对当前状况的方案。

这里所说的建设性设计与其他领域（家具、航空、电视节目或餐饮）的建设性设计是相同的。我们需要考虑有哪些要素、要实现什么目标、有哪些优先事项、包含怎样的价值观、有哪些行动通道和约束条件……设计过程可能要经历多个阶段，寻找多种替代方案，甚至遭受多次拒绝。只有当使用者对设计满意了，这份设计才算是完成了，这跟其他领域中的设计是一样的道理。

谈判

谈判归根到底是建设性设计的一种专业形式。谈判中双方讨价还价的过程属于冲突系统。

一场真正的谈判需要我们先绘制“地图”（如前文中提到的那样），然后进行建设性设计。

谈判的一个关键词是“可变价值”。

在新西兰的惠灵顿，一家业内领先的酒店建在了以几千美元收购的地块上。在当地，这样的酒店地块往往价值几十万乃至数百万美元。为什么这家酒店的地块会这么便宜呢？这就涉及我们所说的可变价值。这家酒店不是建在地面上的，而是建在一个市政车库的顶上。这块空间对车库来说没什么利用价值，于是低价出售给酒店。这样一来，酒店有了客人总会盈利。这块空间对酒店来说有很大价值。这是可变价值的一个经典案例，下面再来看几个例子。时装季过后，高档时装店就会将旧款下架，因为这些款式没有继续出售的价值了。但在某些地区，这种流行趋势还没有传播过去，因此下架的款式在这样的地方还可以继续售卖。马耳他制造的 Mdina 玻璃特别美丽，而实验室的玻璃成分都非常纯净（以防污染实验）。因此，两个很有经商头脑的人在英国购买了破碎的实验室玻璃，然后将这些玻璃转化为了美丽的 Mdina 玻璃。

以上这些可变价值的例子说明，价值可能根据个人情况的不同而有很大差异。这就是它对谈判来说非常重要的原因。一方非常想要的东西可能对另一方来说不费吹灰之力就能得到。价值之间存在交易，也存在权衡。为了在道路上以合理的速度行驶，我们必须接受一定的伤亡风险。为了实现一件事情，我们必须接受另一件事情。在谈判中也是这个道理。

绘制详细的“地图”以及秉持建设性设计的态度，对实现上述谈判大有帮助。价值，尤其是感知价值，是建设性设计中最重要的部分。

交流

要想交流有意义，双方必须使用接收者使用的语言，这就是法律文件非常晦涩难懂的原因。本章提到的绘制“地图”的方法可以用于描绘立场、历史、心情和价值观等方面，还可以用于描述概念。

接收者可以确定使用哪种语言进行描述,这是接收者的特权。与之恰恰相反的是无线电通信，接收者要调整收音机频率才能听到正在播放的内容。

听者的逻辑泡泡包括他们已知的概念和感知。传达者有时会犯一种错误，认为如果听者的概念库不如自己的高深复杂，那么他们能够传达的就只剩情感了。儿童头脑中的概念看似简单，其实非常复杂微妙。一个简单的概念（比如儿童掌握的概念）可能是非常复杂微妙的。事实上也确实如此。复杂的概念通常可以分解为若干个子概念，而简单的概念必须在一个概念中包含大量内容。将儿童对因果关系的理解与科学家对因果关系的理解做一个对比，我们会发现后者的理解要简单得多（随时间变化的相关性的统计概率）。成年人总以为儿童对概念的理解很浅显，实则不然。

8

情感、价值观与思考

很多人认为思考是无关紧要的，因为我们的选择和行为最终由情感决定，思考对其影响不大。这种说法只说对了一部分。思考最终都会掺杂着情感，也应该如此。但是，思考能够帮助我们理清头绪，从而更好地运用情感和价值观，最终得到一个有效的、可以接受的结果。逻辑论证几乎无法改变情感，但是感知的变化可以改变情感。如果你从不同的角度看待事物，那么你的感受也会变得不同。

这里有一个重要的点值得思考：我们究竟是情感先行，然后让情感决定我们的感知和思考呢，还是感知先行，然后让情感决定我们最终的决策呢？

直觉和思考

一些人认为，思考是一种对时间的浪费，直觉才是关键。人们对思考的幻想破灭，似乎只有在解谜和文字游戏中才会进行思考，而这些是哲学家们感兴趣的事情，对于现实世界来说用处不大。人们常常认为，思考是为那些事后看起来非人道、灾难性的行动方案做辩解的工具。思考像数学一样，被人们看作是既为普通人服务，也为大型企业和军队服务的工具。比如，政治家思考着如何证明自己有能力继续掌权，而不是改善社会。依靠直觉和人类价值观做出判断似乎更加可靠。

这些幻灭主要集中在“理智化”类型的思考上，这种思考似乎是为了思考而思考。这就是我在“智力陷阱”中提到的思考类型，人们运用思考来证明自己的观点是正确的。这种思考应用在无休止的辩论和争论中，像一场拉锯战。这是哲学的文字游戏中使用的思考类型。我跟大家一样，也对这种思考方式感到幻灭。这种思考类型虽然也有价值，但它只是思考的冰山一角，而大部分思考则是基于常识的，它们就渗透在我们的日常生活中，并且焕发出强大的力量。这是一种客观的思考，并且最终能产生效力。

我们往往会凭借直觉和情感做出最终决定，这无可指摘。但要注意的是，如果我们用直觉和情感来代替思考，后果将不堪设想。我们总觉得要忠于直觉，忠于内心的想法，并且认为自己的直觉对社会是有益的。然而，我们不能忘记，历史上一些非常荒谬且惨无人道的行为也是凭直觉推动的。迫害、战争、私刑和南海泡沫都是凭直觉行事的结果。毫无疑问，随着人类文明的进步，我们的直觉也得到了改进，但是在我看来，用直觉代替思考还是很危险的，很多时候直觉是靠不住的。原因之一就是在冲突和革命中，直觉似乎会助长暴力行为。或许我们大脑中与直觉相关的部分依然保留着动物性。

因此，我赞成在进行思考之后再使用直觉，而不是用直觉代替思考。此外，我想把幽默感也列为我们的直觉之一，这样直觉看起来就不总是那么严肃了。

我们之所以喜欢用直觉、看星象或借助其他因素做决策，还有一个原因，那就是世界的复杂性。我们似乎无法参透世界上的所有事情。如果连博学的经济学家都在通货膨胀问题上争论不休，让旁观者觉得他们似乎也不是太懂经济问题，那么选民又怎么可能弄清楚他投票的经济依据呢？这个问题比前一个问题更为严重。思考实在应该作为一种技能在教育和其他领域（甚至在经济领域）中进行讲授。

情感与思考

下图展示了情感与感知互动的三种方式。之所以用“感知”一词而不是用“思考”，是因为在本书中，我一直强调对于大多数实际问题而言，感知就是思考。

第一种情况是，情感从一开始就存在，甚至在没有遇到特定事件之前就已经存在了。这种情感类似于一种盲目的愤怒或者恐慌。在某些特殊的背景下，人们在充分了解具体情况之前，就已经怀有了某种情感，比如嫉妒、仇恨等。我们称之为“盲目的情感”。

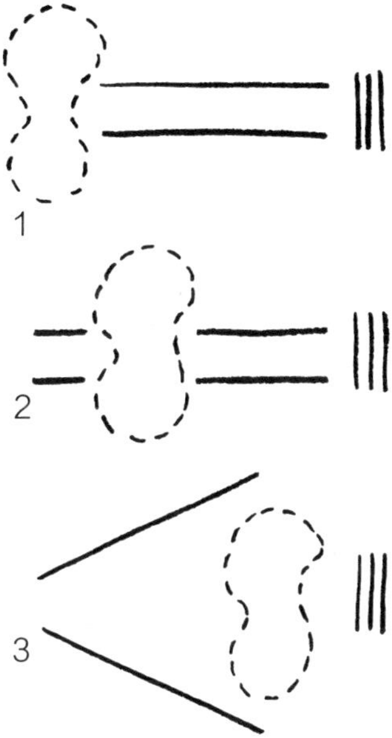

第二种情况是目前为止最为常见的。通过感知，我们对情况进行简单的审视，然后识别出了某种模式，这种模式激活了我们的情感。从情感被激活的那一刻起，我们接下来的感知就会被这种情感左右。如果你给人们一杯看起来很难喝的液体，他们多半会皱起鼻子，拒绝喝下去；如果你给一个蒙着眼睛的人品尝这杯液体，他品尝之后就会发现这其实是一杯橙汁。最初的感知触发了我们的感觉，进而影响了我们的行动。

第三种情况是一种理想状态。我们先对情况进行全面、冷静的探索，在做出最终决策并选择行动方案时才会加入情感因素。这正是我在本书中提倡的模式。我们首先使用 PMI、CAF、APC、EBS、ADI 和 OPV 等工具，然后做出选择或者决策。这个选择可能会基于生存需要、自我需求、成就感或自身利益等，这些都属于情感因素。

几年前，我的朋友在路边遇到一位被摩托车撞得流血的女士。当他弯下身子想要帮助这位女士时，另一个骑摩托车的人见状停了下来，把我的朋友揍得晕了过去。这个骑摩托车的人以为是我的朋友撞倒了那位女士。他的这种感知激起了愤怒的情感，使他做出了这样的反应。

接下来这一点非常重要：通常情况下，当我们想要凭直觉行事时，我们仍然会有短暂的一刻试图对情况进行分析。我们需要延长这个时刻，进行更加深入的思考。

对于“盲目的情感”，我们几乎无能为力。其中，嫉妒是一种非常有意思的情感。与其他情感不同，嫉妒似乎对人类的生存来说没有什么帮助（除非涉及性）。嫉妒会让人们以负面的方式解释一切行为。这一情感比其他大多数情感更加有趣，如果对它进行深入研究，可能会得出一些有益的发现。

如何改变你的感觉

感知能够改变感觉吗？许多人认为感知或者思考不能改变感

觉，橙汁实验就验证了这一点。举一个例子，一个男人正在与一个哭泣的女人争论，这个男人觉得自己把女人弄哭也太不绅士了，正当他要妥协时，他的朋友悄悄跟他说，这个女人正在对他进行情感勒索。男人的态度立刻变了。这个建议改变了他的感知，或者说看待问题的方式，进而改变了他的感觉。再举一个例子，一位女士觉得她必须照顾年迈的父母，因此不能结婚。她的朋友告诉她，她把自己变成了"受害者",这位女士的态度和感觉立刻发生了转变。

戴维·莱恩将 CoRT 思考课引入亨格福德指导中心，他告诉我这门课程对那些有暴力倾向的青少年有很大影响。在接受 CoRT 思考课培训前，这些年轻人在思考有关社会以及自己的社会身份时，往往会表现出暴力倾向。"社会"这一话题触发了他们的情感，随即引发了连锁反应。经过培训之后，他们自豪地意识到自己是一名"思考者"。现在他们会花时间进行思考，而不是急于做出反应。他们更加关注思考，并且使自己的思考更加客观。艾德娜和比尔·考普雷在一家少管所也使用了 CoRT 思考课，那里的孩子也出现了类似的改善。

思考可以改变感觉，尤其是改变让我们以不同方式看待事物的感知型思考。前文有关 PMI 的部分中，我举过一个例子，这个例子展示了思考如何改变了孩子们对学校给他们发钱的看法。

在本章后面的部分，我将探讨"价值负载词"是如何改变感知和感觉的。比如，为了解决劳资纠纷，有人向工人们提出了一个新的提议，起初工人们乐于接受这一提议，后来大家觉得这其实是一种贿赂，一个诡计。人们的感觉在悄然发生变化。

价值观对思考的影响

价值观连接着事件与我们的基本情感，能使我们对事件产生强烈的感受。价值体系能够成功将一种情感转化为另一种情感。

个人价值观：自我价值感，地位，自我重要性，成就，生存，愉悦，自我放纵等。

同伴价值观：被集体接受，归属于集体，作为集体成员行动，接受集体的价值观念，不让集体失望。

道德价值观：宗教价值观，社会习俗，普遍遵守的法律，培养的价值观，特定文化的普遍价值观（通常被认为是应该绝对遵循的，但在不同文化中有很大差异）。

人类价值观：（相对较新的）生态学，污染，关注核能，关注地球和地球上的人类，关注人权和超越文化的基本人类价值观。

高价值和低价值

HV（high value，高价值）和 LV（low value，低价值）也是 CoRT 思考课中的一种注意力引导工具，帮助我们将价值划分为高价值和低价值。通常来说，真正决定行动的是高价值，而低价值是一些必须考虑的事项。举一个例子：一个公司想要节省成本，进行裁员，某部门负责人面临着很大压力，因为他要解雇一个与他一起工作了 15 年的助手。这件事涉及以下价值：

HV：担心如果不解雇助手，自己就会丢掉工作；担心公司垮掉；担心自己无法升职；担心对助手不够忠诚；渴望成功并希望被视为成功人士的自我需求。

LV：解雇助手的尴尬；担心人们可能会说些什么；不喜欢自己的上司；赔偿的费用；对其他员工的影响。

这个情况处理起来比较困难。对下属的忠诚既可以被归为低价值，也可以被归为高价值。它可能被高度重视，但在“效率”至上的工作中很容易被其他价值所取代。

实际上，这个练习来自一个“分苹果”的故事。一个农夫要去早市，临走前，他让两个儿子把一大堆苹果分成两种：大苹果和小苹果。两个儿子一整天都在仔细掂量每个苹果是大还是小。可是，农夫回来后，他把两堆苹果又混在了一起。儿子们感到很生气，认为这是在浪费时间。农夫却说，他让儿子们分苹果的真正目的是让他们的注意力充分集中在苹果上，以便将坏苹果扔掉，而他们也确实是这样做的。相比挑出坏苹果，区分“大”与“小”需要更仔细的检查，这样一来，他们就不会放过任何一个坏苹果。由此可见，HV 和 LV 能够让我们仔细审视某件事中涉及的价值。

老师禁止在课堂上吃糖。一个男孩发现他旁边的同学正在吃糖。他应该告发同学吗?

- 如果是窗户碎了，男孩知道是谁打碎的呢?
- 如果有人经常偷东西，而男孩知道小偷是谁呢?
- 如果你生活在一个警察权力很盛的国家，你的邻居正在庇护被警察通缉的持有不同政见的人呢?
- 如果国家正在闹饥荒，而你的邻居正在囤积食物呢?
- 如果你在告发一个恐怖主义团伙呢?
- 如果你就是这个团伙的一员，又将他们告发了呢?
- 如果你是一名警方的线人呢?
- 如果你向娱乐专栏记者匿名透露你朋友的八卦呢?

这种“告密”或者“告发”在某些情况下是正义的，而在另一些情况下却是可耻的，这是一种非常有趣的现象。这个例子很好地展示了什么是价值冲突、什么是虚伪，同时说明了视情况而定的重要性。如果我们（出于正当理由）不喜欢某个体制，那么对方任何形式的告密都是可憎的；如果是我们自己的社会，那么有时告发不仅是正义之举，而且是一种社会责任。同理，我们不喜欢背后告发朋友的做法，特别是自己也卷入其中的时候，但同时，我们又喜欢打探告发后发生了什么。这是一个有趣的例子，在这个例子中，个人价值观、同伴价值观和道德价值观之间不断产生冲突。

作为练习，请列出以下情况中你所认为的高价值和低价值：

1. 聘请一名新教师。

2. 向贫困国家提供外国援助。

3. 选择一份职业。

4. 为餐厅选址。

5. 在经济衰退时解雇工人。

6. 为球队挑选球员。

价值负载词

“告密”“告发者”等词带有很强的负面价值。我们使用的许多词语都负载着价值。

人们 3/4 以上的公共思维不过是为了尽快将价值负载词加入其中，然后以这些词作为论据。

如果你去读读报纸社论，或是去听听普通的政治演讲，你就会发现它们不过是一层薄薄的理性论据支撑着强烈的价值负载词。

它们中有一些“正面词”，比如：道德负债，正义，荣誉，公平竞争，自由，新闻自由，一致性，人权，真诚，直接，有洞察力等。

同时还有更多的“负面词”，比如：顽固，固执，狡猾，狡诈，油嘴滑舌，欺骗，好心办坏事，误导，自我主义者，操纵，自私，博眼球，推广者，肤浅，心胸狭隘，诡诈等。这些词与“愚蠢”“无能”等不同，后者是真实的判断，而前者则是一种嘲笑词，人们常常脱口而出，也输出了负面价值。比如“出于善意”这个词，听起来是正面的，但在实际使用中却是负面的。

我曾与加利福尼亚州的一位心理学家进行过一次讨论，当时我说，整个后弗洛伊德时代过分强调寻找“真我”和挖掘“行为背后的真正原因”，但这个方向可能是错误的。这一观点非常具有挑衅性。我认为，也许人们表面看起来的样子才更为重要，因为这是人们为了面对世界而构建的面具。有趣的是，我跟对方几乎无法讨论下去，因为我使用的词都带有负面价值——表面，肤浅，面具，构建，虚饰，而他使用的词都带有正面价值——真我，潜在的本性，真实的自我，深刻的真理，行动的主要动力和根本原因。我们之所以选词不同，是因为我们赋予了弗洛伊德式词汇不同的价值（并且已经习以为常了）。

当你在讨论想要把一名员工安置在一个他既喜欢又擅长的岗位上，也会出现同样的情况。你所说的话最终听起来都像是一种“操纵”，没错，这是一个负面词。即使你让员工自行选择岗位甚至设计自己的工作内容，从根本上说都是为了自己的利益而不是员工的利益，因此这就是一种操纵。

有很多话题我们是无法进行讨论的，因为我们会使用许多价值负载词，这些词先入为主，让我们对事情进行了预判。如果一个人用简单的方法解释复杂的事物，人们会说这个人是一个“推广者”。“推广者”这个词用起来很方便,是一个包罗万象的嘲笑词。

作为练习，我们可以找一些政治演讲或报纸社论（报社来信更好），标记出里面所有的价值负载词。你会惊讶于这些词的数量竟如此之多。

在价值负载词中，有一类词听起来似乎很重要，但实际上并没有实质性的含义，比如“关心”“注意”“同情”“将关注”“取得了一些进展”等。这些词看似表达了很多，实则没有做出任何实质性承诺。

意识

审视价值是一种意识练习。我们要到意识到一件事中固有的价值、价值冲突、参与其中的人所持有的价值观以及这些价值观的源头。请思考以下情境中涉及的价值问题：一位发明家发明了一种新型织机，其效率是现有织机的三倍；一位员工得知老板受贿了，但这位老板也非常重视自己的员工；公共交通系统罢工；一位医生做了一台挽救生命的手术，但他也收取了非常高昂的手术费；政府在其境内废除了药物专利；一位政治家退出了现在的党派，并加入了一个新的党派。

这个练习的要点是捕捉文字或话语中的价值负载词。你会惊讶于许多原以为的思考实际上不过是一连串价值负载词的巧妙拼凑。

9

决策中的思考

做决策必须要务实，因此我想从务实的角度讨论决策。

越是信息不足，就越需要良好的决策能力。

如果我们已经掌握了所有信息，那就不需要做决策了。只有在信息分析不足时我们才会做决策。换句话说，这时我们必须进行推断、猜测或者运用价值观和情感。因此，决策中人的因素至关重要。最终，所有的决策都掺杂着情感因素。

因此，本章所讨论的决策是一些非常普通的决策，而不是需要通过计量模型才能得出的决策（其实，即使是这样的决策最终也会变成普通人的决策）。

两名玩家在玩 L 游戏，他们的棋局如下图所示，其中一名玩家再走一步就可以获胜。前文提到，该游戏的规则是每个玩家都有一枚 L 形棋子，可以移动到任何空位。然后，玩家可以选择一个圆形棋子移动到任何空位（也可以选择不移动）。游戏的目标是堵住对手的 L 形棋子，使其无法移动。

L 游戏涉及的决策是一种简单决策，因为我们可以根据玩家的输赢马上判断出他们的决策是否成功。在绝大多数情况下，决策的困难在于它的价值只能在未来得知，即在做出决策之后。L 游戏需要权衡大量的替代方案，但这些方案的数量是有限的。在某些决策中，替代方案的数量之多使我们难以估量。

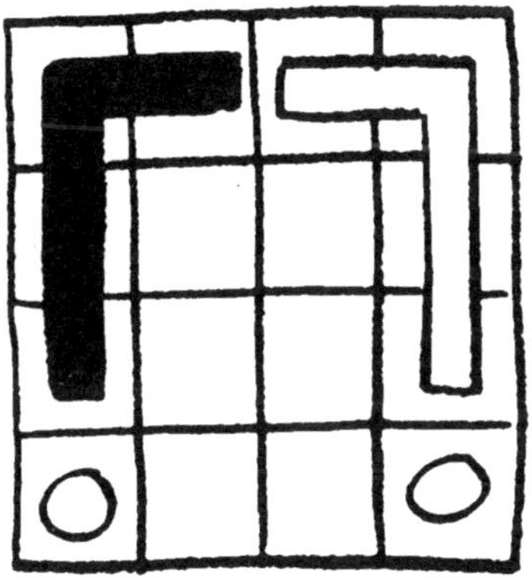

德博诺 1969，英国，专利 1148172

决策前框架

决策前框架指的是决策的背景。决策的上下文是什么？决策要在什么样的情况中做出：平静、恐慌、冲突、竞争压力，还是其他情况？为什么需要做出决策？为什么需要在此刻做出决策？如果推迟决策，事情是会自行解决还是会错失机会？有压力迫使你做出决策吗？这种压力是自我施加的，还是他人施加的，抑或是朋友的建议施加的？

决策的时间范围是多久？这既适用于决策的制定，也适用于决策的效果。决策必须在今天、本月、今年、未来 10 年内做出吗？决策的效果何时会显现，是下周还是在 20 年以后（比如购买新的电力设备）？

最后，我们还要考虑决策的“类型”。这是一个小的方向调整，还是一项重大转变？是停止做某事的决策，还是开始做某事的决策？这是一种高度依赖他人实施的决策，还是可以由决策者直接落实的决策？这个决策是不可逆转的，还是如果行不通就可以撤销的？它是众多决策中的一项，还是为随后的一切奠定了基础？做出这个决策的人是否具备决策能力？

我们可以将上述方面总结为：上下文、需求、时间尺度和类型。

替代方案的生成

我们有时很容易想出替代方案，有时则必须进行创造性思考才能发现或设计替代方案。我们需要有意识地付出一些努力，才能想出比显而易见的方案更好的替代方案。不过，在做出决策时，我们必须设定一个截止时间。期望获得一个终极的替代方案是不现实的。生成替代方案的需求在前面的章节中已经详细介绍过了，这里不再赘述。当难以做出决策时，不如试着寻找更多替代方案，或许会有帮助。

价值观和优先级

价值观和优先级可以事先明确。优先级有时以价值观的形式体现，有时以子目标（想要实现的事情）的形式体现。下面我提供了 10 种决策方法，这些方法中交织着价值观和优先级。

骰子法

先列出替代方案，然后随机掷骰子来决定采取哪个方案。这个方法听起来很怪，但其实是很有道理的。有时我们做决策需要依赖他人他物，在这种方法中我们用到了骰子。在其他情况下，我们还可能会用到星象、占卜、命运等。其基本观点很简单。

对你来说，是做出正确的决策更重要，还是对你所做的决策感到满意更重要呢?

心理学家很早就发现，人们往往在做出决策后表现出对这个决策的喜欢，并且合理化这一决策。因此，骰子法有它的逻辑：做出决策，然后喜欢上因此带来的结果。

我们应该认真对待骰子法，因为在某些情况下，落实决策甚至比做出正确的决策更为重要。

假设你有一位很有钱的叔叔，他要为你买一份生日礼物，你可以任选其一：

1. 一双新鞋子。

2. 去剧院参观。

3. 与朋友在餐厅用餐，且你可以自己决定跟哪些朋友去。

4. 选 6 本书（或 6 盘磁带）。

5. 把一辆劳斯莱斯汽车借你开 3 个小时。

6. 一台拍立得。

请掷骰子做出你的决策，骰子的序号对应上述序号，看看你对这个决策是否满意。

简单法

我们不但需要做出决策，而且必须将决策付诸行动。一些决策实施起来要相对容易一些。简单法就是说的这个道理。哪个替代方案最容易实施？这可能因人而异，因此选择是主观的。一旦选择了最容易实施的方案，我们就会设法将它合理化。这是一种有意识的、积极的努力。如果经过一番努力，你能够接受这个决策，那么就可以将它落实；如果仍然无法接受，那么就需要考虑其他决策方法。

一个女孩发现她的男朋友邀请她最好的朋友一起出去玩，她有以下几种选择：

1. 完全忽略这件事。

2. 向男朋友询问。

3. 与男朋友吵一架。

4. 警告她的朋友离远一点。

5. 自己也约别人出去。

简单法因人而异，性格不同的人会有不同的选择。选择最容易实施的方案是第一步，如果这个方案能够被合理化，那就再好不过了。

解释法

解释法是指决策者假设自己依次选择了每种替代方案，并向朋友解释为什么做出了这样的决策。决策者需要说出为什么做出这样的决策以及为什么这个决策适合自己。决策者列出这些原因，然后沉下心来读一读这些原因。哪一个听起来最好？哪一个最有道理？最好的那个方案往往一目了然，这样就能排除那些站不住脚的方案。

一家保险公司的工作人员可以在以下激励方式中任选其一：

1. 加薪。

2. 缩短每周的工作时间。

3. 延长假期。

4. 可以请更长时间的假（如果需要的话）。

员工需要独立地做出选择。假设你是该公司的一名员工，请逐一想象自己选择了其中一个方案，并向朋友解释为什么做出这样的选择。请根据你的个人情况（如家庭规模等）阐述原因。

解释法是简单法的延伸，不同的是，在解释法中，我们需要逐一找出选择每个替代方案的理由。你写出的原因越正式，这个方案就越靠得住。

“布里丹之驴”

“布里丹之驴”是一个神话故事：一头驴站在两个完全相同的干草垛的正中间，但它最终饿死了，因为它无法决定到底吃哪一垛干草。两垛干草达到了一种完美的平衡，使这头驴无法动弹。当年盛行讨论自由意志时，哲学家们非常喜欢用“布里丹之驴”这个例子。

从决策的角度来讲，这头驴给了我们非常重要的启示。当所有的替代方案具有同样的吸引力时，我们本应该很容易做出决策，因为无论怎么选，结果都会令人满意。我们可以用抛硬币的方式做出选择（这是骰子法的应用）然后得到满意的结果。可是，为什么在现实中这样的情况反而让人难以做出决策，就像一位年轻女子要在两位同样优秀的男子中挑选一位做自己的丈夫一样？原因就在于我们不愿放弃一个有吸引力的替代方案。换句话说，这头驴的问题在于它不愿意对其中一堆干草转身。一旦我们知道自己将得到某样东西，它的吸引力就会减弱，而放弃其他事物的痛苦却在增加。

“布里丹之驴”的方法就是为了解决这样的问题。决策者要尽力去“击破”每一个替代方案，让它们变得不再那么有吸引力。如果成功了，那么逐一放弃也不会带来痛苦，最好的方案便会慢慢显现出来。

假设有一个魔法精灵可以实现你的一个愿望，请从以下选项中进行选择：

1. 成为非常聪明的人。

2. 成为非常富有的人。

3. 成为非常美丽的人。

4. 成为一位才华横溢的艺术家。

以下是逐一“击破”的过程：

1. 成为非常聪明的人：你可能会觉得其他人都很笨；你可能更能体察世间的痛苦。

2. 成为非常富有的人：你可能无法分清谁是真心朋友；你可能会嫉妒比你更富有的人；你可能会有许多忧虑。

3. 成为非常美丽的人：你可能会担心失去美貌；你可能会吸引一些品行不端的人；你可能会变得骄纵。

4. 成为一位有才华的艺术家：如果没有人欣赏你的才华，你可能会相当沮丧；人外有人，总有人会比你更有才华；才华可能也是一种负担。

最终的选择依然取决于你的个人偏好，但现在对你来说，放弃其中的某几个替代方案变得更加容易了。

理想方案法

在这种方法中，我们首先列出替代方案，然后暂时忽略它们。之后，我们要设计一个“理想方案”。我们需要思考“理想方案”的大致“轮廓”，这个方案不必设计得十分详细，我们的重点是思考它应该具备哪些特质。思考过后，我们再回看一开始列出的替代方案，选出它们之中最接近“理想方案”的那一个。换句话说，我们不对替代方案本身进行判断，而是看谁更接近“理想方案”。

一个小镇有一块空地，关于这块地的用途，人们提出了以下建议：

1. 建停车场。
2. 建更多的房屋。
3. 建公园。
4. 建游乐场。
5. 作为能够摆摊的开放市场。

我们先把这些建议搁置一旁，讨论一下在这一情境中“理想方案”应具备哪些特质。大家认为“理想方案”应该使大多数人受益，使人们的生活更加愉快。比较上述建议与“理想方案”的特质，我们发现公园最为接近。在这种方法中，我们一定要客观地思考“理想方案”的特质，而不是向已知的替代方案靠拢。同样，我们也不能先思考理想方案，后列出替代方案，因为这样替代方案也会向“理想方案”靠拢。向理想方案靠拢可以在选出最接近理想方案的替代方案之后再进行。只有先列出替代方案，后思考理想方案，这样才能保证列出的替代方案是客观的。

最佳适用法

最佳适用法是指一个方案最为适用的情况。就像在一个房间里会有花瓶的最佳摆放位置，在足球队中也有某个球员的最佳位置一样，我们可以找到一个想法的最佳适用场景。这里的想法就是指为决策提供的替代方案。使用这个方法时，我们需要为每个替代方案寻找最佳的适用场景：这个方案对于什么样的人在什么样的情况中，会是最为适用的呢？比如，如果有人对你非常粗鲁，你有两个替代方案（只是举个例子），其中一个是打那个家伙，那么这个方案的最佳适用人群就是那些性情暴躁且力气大的人。然后，我们将这个适用人群与现实情况进行比较：你是一个性情暴躁且力气大的人吗？

一家小型制造公司打算生产电灯泡，该公司讨论出两种战略：

1. 制造比其他厂家都便宜但寿命较短的灯泡。

2. 制造耐用但必须以较高价格出售的超级灯泡。

第一种方案的最佳适用者是大型公司，有较大的经济规模、充足的广告预算和良好的分销系统，并且能够调整价格以提高竞争力。第二种方案的最佳适用者是需要较高利润率、市场份额占比较小的小型公司。比较后我们会发现，对于这家公司来说，生产超级灯泡似乎更加适合。

与其他方法一样，我们在思考方案的最佳适用场景时必须保持客观。

“如果……会怎样？”

这种方法需要我们对每种方案进行各种假设：“如果……会怎样？”通过进行不同的假设，我们会发现一些方案不再有吸引力。假设你要去马贝拉度假，请思考以下假设：

- 如果每天下雨怎么办？
- 如果那里一个人都没有怎么办？
- 如果今年不流行去马贝拉旅行了怎么办？

当你找到一个让方案变得不再吸引你的假设时，你就筛选出了在选择方案时你最看中的特质。在上面的例子中，如果你觉得去马贝拉旅行不再流行就不太想去了，那就表明你更在意景点的热度，因此，你可以选择比马贝拉更有热度的地方。

我们再来看一个例子。夫妇二人都有很好的工作，孩子们都已经长大成人了。这时，丈夫得到了一个梦寐以求的工作机会，但是工作地点离家200多英里[①]，而妻子目前不太可能在那里找到合适的工作。有以下替代方案供他们选择（仅供练习，在实际情况中，我们可能会想出更多方案）：

---

① 1英里＝1609.344米。

1. 拒绝这个工作机会。

2. 接受工作机会，周末见面。

3. 妻子放弃工作，随丈夫一同搬过去。

4. 先接受这份工作，然后在必要时辞职。

对此，我们可以进行以下假设：

- 如果工作机会并不像看起来那么吸引人怎么办？
- 如果分居期间一方有了外遇怎么办？
- 如果一方生病了怎么办？
- 如果得到这个工作机会的是妻子会怎样？
- 如果一方能够在他们现在居住的地方找到一份更好的工作会怎样？
- 如果妻子在新工作地也能找到一份工作会怎样？

实际上这是一个不断聚焦的过程：

- 工作机会真的像看起来那么吸引人吗？
- 工作是生活中最重要的部分吗？
- 应该由妻子做决定吗？

简单矩阵法

下图所示的网格是一个矩阵。矩阵的侧边是替代方案，矩阵的顶部是决策者比较在意的特质，空白方框中标注了这些方案不符合哪些特质。

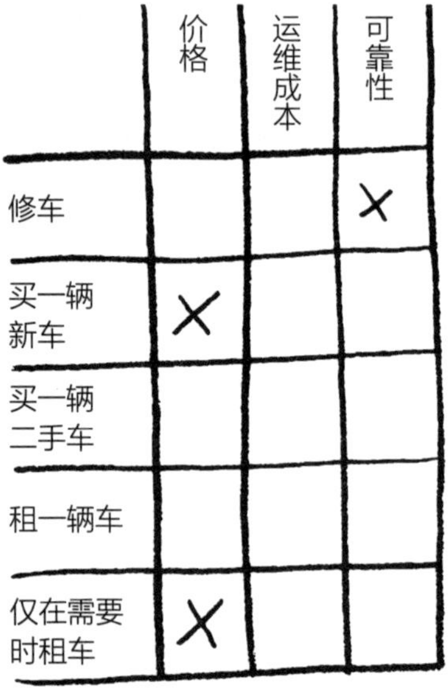

在简单矩阵法中，我们要挑选出几个影响决策的关键特质，没有这些特质的方案我们不予考虑。这样一来，我们就能筛选出那些完全不适合的替代方案。

举一个例子，一辆旧车未能通过路试检验，有以下方案供选择：

1. 修车。

2. 买一辆新车。

3. 买一辆二手车。

4. 租一辆车。

5. 仅在需要时租车。

我们列出了以下 3 个“关键”特质：价格、运维成本、便利性和可靠性（两者兼顾）。在上图展示的简单矩阵中，我们淘汰了一些替代方案，因为这些方案不符合列出的某个特质。剩下的替代方案可以用另一种决策方法进行筛选，或者可以看看是否符合其他“关键”特质。我们可以一直重复这个过程，直到只剩下一种方案。从某种程度上来说，简单矩阵法是一种“生存”法，我们最终要看哪些方案能够经受住关键特质的考验。

完整矩阵法

完整矩阵法需要我们首先列出所有需要考虑的特质和价值，然后看每个替代方案符合哪些特质，选出最为符合的几种方案。之后，我们可以换一种决策方法。选出最为符合这些特质的方案很有可能并不稳妥，因为这些特质的重要性并不相同。符合两个次要特质可能比不上符合一个主要特质（判断特质的重要性是一个很复杂、很主观的事情）。

下图所示的矩阵用于衡量三种不同风格的厨房家具：现代型、传统型和功能型。列出的特质包括价格、美观度、与房子的匹配度、坚固程度、耐用性、是否方便清洁、便利性及安全性。在这个例子中，“现代型”风格似乎是赢家。不过，买家可能会说：“虽然现代型风格确实是最佳选择，但我还是更喜欢传统风格的外观。”这样一来我们就明白了：美观度对这个买家来说比其他任何特质都更为重要。

	价格	美观度	与房子的匹配度	坚固程度	耐用性	是否方便清洁	便利性及安全性	
现代型	✓		✓	✓	✓	✓	✓	6
传统型	✓	✓	✓		✓			4
功能型	✓			✓	✓		✓	4

惰性法

这种方法比较简单直接，与人性紧密相关。我们需要看一看担忧、贪婪和惰性在每个替代方案中起到怎样的作用。换句话说，是什么真正驱使你做出了这个决策？这个方法也称作担忧（fear）、贪婪（greed）、惰性（laziness）法，简称 FGL 法。

一位老奶奶一直独居，她的儿子觉得她年事已高，无法继续独自生活。他考虑了以下方案：

1. 维持现状。

2. 将她送到养老院。

3. 接她搬过来跟家人一起住。

4. 雇人照顾她。

第一个方案有很大的惰性成分（付出的努力最少），不过他可能会担忧母亲发生意外。从贪婪的角度来说，这一方案比其他方案更省钱。

将她送到养老院有一些懒惰的成分（不必亲自照顾），但养老院价格昂贵（贪婪因素），需要担忧的是老太太可能不喜欢住在那里。

她搬过来一起住的话，儿子可能会担忧她与妻子合不来，引发家庭矛盾。不过她可能会因此在遗嘱中给儿子留下一些钱（贪婪因素）。

雇人照顾她可能也要花不少钱，这种方案有很强的惰性成分，因为责任被转移到了其他人身上。儿子要担忧的只是别人可能会问为什么不把母亲送去养老院。

最终，像所有决策一样，当事人还是会在情感的影响下做出决策。不同的是，经过这番分析之后，情况变得更加清晰明了。

有时，担忧、贪婪和惰性是影响方案吸引力的主要因素。

决策后框架

在这一环节中，我们需要特别关注个人风格和自我形象与决策是否相符。你能够想象自己做出这样的决策吗？如果这是一个无情的决定，你能够将它贯彻执行吗？决策需要保持客观，但决策者的个人风格也是客观性的一部分。

我们还需要考虑这个决策涉及的其他人。我们可能需要征求他们的同意，他们可能需要贯彻执行这个决策，也可能会受到这个决策的影响。这时，我们可以使用 OPV 或者逻辑泡泡等方法（在前面的章节中提到过）。

我们必须考虑决策在不同的时间框架内可能会带来怎样的后果：即时的、短期的、中期的和长期的（可以进行 C&S，在前面的章节中提到过）。

此外，我们还要考虑决策的实施：由谁来实施？将如何实施？行动通道立即可用，还是必须事先打通？实施分为哪几个阶段？可能出现的问题和阻碍是什么？有什么风险和危险？在所有的行动方案中都应该考虑以上这些问题（这一点将在后面的章节中详细阐述）。

决策的"地形图"是怎样的？换句话说，决策将在怎样的环境和背景中实施？这其中包括竞争对手以及国内外环境（大环境和小细节都要考虑）。

最后，我们要给自己留有余地。如果很快发现决策是错误的怎么办？如果决策无法落实怎么办？如果情况发生变化怎么办？决策是否可逆？是否可以挽救？是否可以切换到某个备用的状态？留有余地似乎会削弱对我们决策的信心：如果你确信这个决策是正确的，为什么要设计一个逃生路线呢？可是，所有的决策都是推测性的，否则也不会称之为决策了。为事情留有余地不同于不想承担风险。

强调决策的契合

在前面提到的许多方法中，我们并没有将重点放在替代方案本身的价值上，而是放在它们是否“契合”实际情况上。我们首先要将难以做出的决策转变为易于做出的决策。虽然所有决策最终都掺杂了情感因素，但我们前期分析得越透彻，情感就会运用得越得当。

决策与未来

我们在做决策和做选择的时候都需要预测未来。我们无法确定将会发生什么，也无法确定未来我们会有怎样的情感和感受。前文介绍的许多注意力引导工具（PMI、C&S、OPV 和 CAF）都可以用在这里。只看情况和替代方案很难做出决策，如果你清楚地知道自己看重什么、想要什么（或需要什么），做决策就会变得相对简单。

请运用本章介绍的决策方法，对下列事项做出决策。每一事项可以使用不同方法：

1. 在一份收入高但无聊的工作和一份收入低但有趣的工作之间做出选择。

2. 在一家新餐厅和一家你非常了解的餐厅之间做出选择。

3. 决定购买什么类型的汽车。

4. 决定住在哪里。

5. 决定将客厅粉刷成什么颜色。

6. 决定是否要举办聚会。

10

思考与行动

我们的文化倾向于将思考者与行动者分隔开来，这一点很不合理。行动者不去思考，思考者不去行动（因为他们喜欢完美的思考胜过实际行动）。思考者喜欢在收集到完整的信息之后再采取行动，或者沉迷于提出建议而不去付诸行动。由此，我们会以“学术”的视角来看待思考。美国高校鼓励学者们拿出部分时间投身实践，而英国高校却不赞同这一点。思考的学术性研究（其中包括重复他人研究过的关于他人的研究）有一定的价值，但这种研究只是思考的一小部分。我们更应该关注广泛而实用的、以行动为导向的思考。在这类思考中，我们需要评估不确定性和风险，并且“设计”行动方案。

行动者则认为做事情不需要太多思考。按照这个思路，他们会面临三种选择：凭借经验、按照惯例或者凭借机会。有时，我们可以凭借经验采取行动，可是一旦竞争对手投入思考，我们的经验可能就不足以应对了。在一个简单的非竞争环境中，按照惯例行动也是可行的。一直以来，保险行业都是在凭借经验、按照惯例运作，因此我们经常看到有人凭借自己与众不同的思考能力，在该行业闯出一片新天地，发财致富。被机会眷顾的人往往会说“这只是常识而已”，似乎只要我们具备了这些常识，就能获得成功。实际上，成功与否的关键不是常识，而是机会是否眷顾了你。

把思考落实到行动上比仅仅打磨思考更为重要。要想发挥思考的效力，我们必须先进行思考，特别是思考如何设定目标。以行动为导向的思考者往往更关注事情的积极方面，而不是陷入怀疑和恐惧之中，这依然属于思考的范畴。有的行动者以不假思索为骄傲，这说明他们足够幸运，到目前为止还没有因此招致麻烦，同时，这种心理也说明了思考在很多人心中留下了不太好的印象。多年来，我接触过欧洲、北美洲和亚洲的许多大型企业（IBM、杜邦、美国保德信、默克、瑞士联合银行、壳牌、英国石油公司等），它们都非常重视思考。总体来说，商界对思考的兴趣远远超过其他领域（甚至包括教育界）。这或许是因为，在其他领域（学术、政治等）中，你只需证明自己是对的而别人是错的就足够了。但是在商界，你还需要在现实中经得起市场的考验，如果没有通过市场的考验，那么你就是错的。在许多领域中，我们只需要描述和分析，但在商界，我们还需要有建设性的行动以及创造力。商界总是在更新迭代，事物总是变幻莫测，自满会带来非常严重的后果。

操作技能

我们所接受的教育是，只要获取了足够的信息，就可以轻松地知道如何采取行动了。这种观点是不正确的。知识是一种技能，操作也是，这两种技能同样重要。可悲的是我们的教育没有认识到这一点。为了方便起见，我创造了术语“操作技能”（operacy），它来源于“操作”（operate）和“操作的”（operational），指的是“行动所需的技能”，其中包括行动所需的思考技能（如设定目标）。正如前文中提到的，我认为操作技能像读写技能、计算技能一样，应该是教育的主要培养目标。

三种操作方式

传统的操作方式分为三种，我们用斜坡上的小球的模型来表示（见下图）。

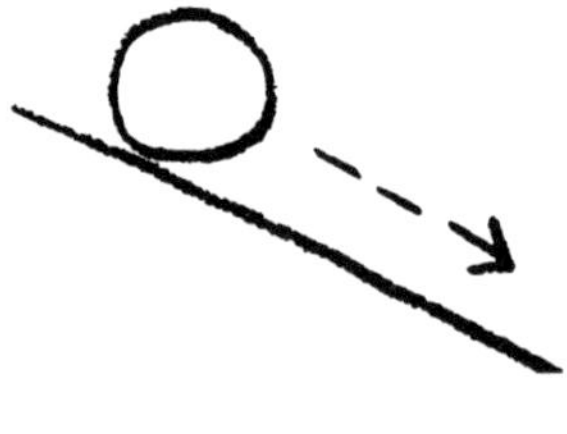

第一种方式如下图所示，这是一张斜坡的俯视图，小球从斜坡的一角出发。

“T”代表终点。我们为小球设置一个凹槽或通道，让它沿着这条路前往终点。这个过程相当于建立操作程序，这种方法非常有效，但缺乏灵活性。

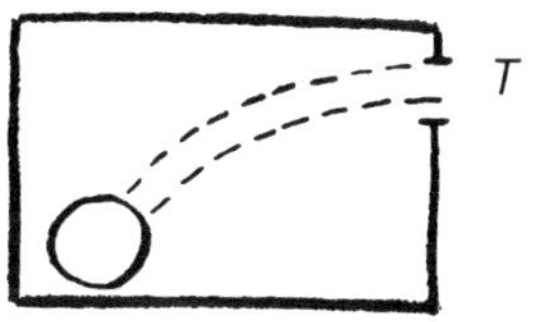

第二种方法如下图所示，我们在“T”处放置了一个小电灯泡，小球配有灯光感应装置，可以自行找到通往终点的路径。这是一种以目标为导向的行为，或者说通过目标进行管理。这种方法对操作者的要求更高，但也更加灵活，因为我们可以任何地方为起点，也可以任意改变终点。

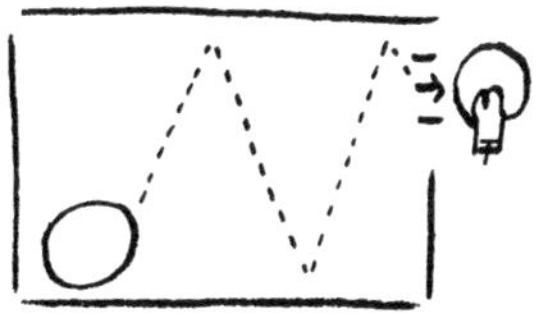

第三种方法如下图所示，我们将球释放，在球到达斜坡边缘后，我们将该位置指定为终点。换句话说，我们一开始并不设置目标，小球到达的位置就是我们的终点。

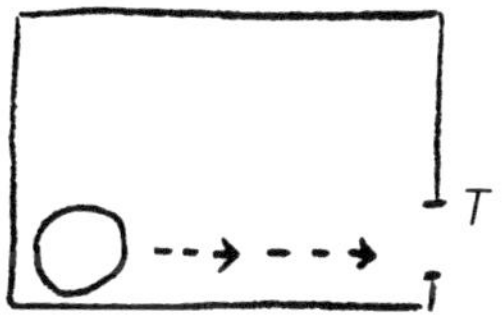

设置目标的必要性

我曾让一群年轻人在 20 秒内尽可能多地将鸡蛋从一个地方拿到另一个地方。大家本能的反应（特别是在时间紧迫的情况下）是每次尽可能多地携带鸡蛋。第二轮开始之前，我让他们先思考一下。不出所料，其中一些人从子目标的角度进行思考：为了更轻松地实现最终目标，需要实现什么样的子目标。于是有人建议用一块布作为携带鸡蛋的工具。

AGO

AGO 也是 CoRT 思考课中一种引导注意力的思考工具。虽然这种方法非常简单，但应用到实践中却很难。年轻一代很难以目标为导向进行思考，这可能是因为他们的生活通常被别人安排得满满当当（必须做这个、必须做那个），以至于设置目标对他们来说是一件相当陌生的事情。如果问他们为什么要采取这样的行动，他们可能会说："因为我必须这样做。"对于他们来说，设定一个目标（或子目标）然后朝着这个目标努力是一件很陌生的事情。他们所接受的教育可能已经无法改变这一习惯，因为我们的教育并不强调操作技能。其实，为考试做准备依然是按照他人规定的程序来行动，这更像是一种意向而不是目标。

AGO 是 aim、goal、objective 的首字母缩写词。虽然在英文中这三个词之间存在差异，但在 AGO 中这些差异可以忽略不计。在某些情况下可能这三个词中的某一个会更适用，但总的来说，我们的任务是设置目标。

以下是一位车辆设计师的 AGO：

- 适应市场趋势和需求（并有一定的前瞻性）
- 将价格范围控制在适当区间
- 具有推广特色
- 运维成本经济实惠
- 质量可靠
- 风格吸引人

这些目标包含了其他子目标。比如，“运维成本经济实惠”包括优化空气动力学设计以减少阻力。

作为练习，请详细列出以下情况的 AGO：

1. 如果你要创办一家小型企业，你第一年的目标是什么？
2. 一家报纸大幅度降价，它的目的可能有哪些？
3. 警察在处理青少年犯罪时应该有哪些目标？
4. 学校的目标有哪些？
5. 在应对大火时，消防负责人应该有哪些目标？
6. 新闻记者的目标有哪些？

如何设置目标

我们制定的目标或远或近，或宽泛或具体。如果制定的目标离我们很近又很宽泛，就很容易实现（如下图所示）。因此，我们不仅要设置目标，也要设计或者改变目标，使目标变得更容易实现。Dexion 槽角条是迪米特里·科米诺的一项非常成功的发明，他曾告诉我，这项发明就是一个离他很近又很宽泛的目标。这种槽角条具有许多用途，即使在某个市场中没有激起水花，也会在其他市场受到欢迎。

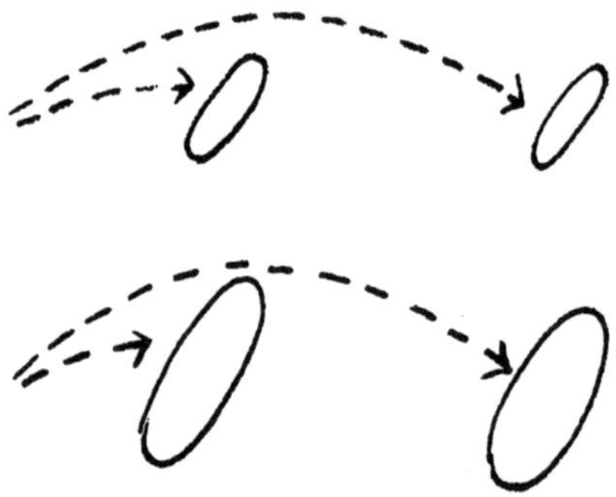

如果你在投掷飞镖时总是瞄不准，可以想办法让飞镖板迎着你的飞镖移动，使其命中靶心。这个想法虽好但是不太现实。同理，如果你想生产一款收音机，期望着市场能够“迎合”它也不太现实，最好是发掘出市场真正的需求。

战略和战术

前文数次提到了我设计的 L 游戏，人们称这款游戏“可能是最简单的即时游戏”了。新手玩家会发现，想要精确地制定有效的游戏战略其实很难，因为这个游戏看起来太简单了。这里提供几条宽泛的游戏战略：

- 打破空白空间
- 尽量靠近对方的 L 形棋子
- 利用中立的圆形棋子阻断行和列
- 占据中心位置
- 不要停靠在角落
- 将对方的 L 形棋子逼到边缘

以上是一些一般性的游戏指南，具体到每一步怎么挪动棋子，这就涉及战术了。比如，有的计算机公司可能会制定这样的宏观战略：依靠 IBM 的成功助力自己的发展。这个战略必须细化为很多战术决策：避免制造的产品与其他产品构成直接竞争；定价可以根据市场需求灵活变化；预测 IBM 的政策。有的计算机公司则制定了另一种战略，他们会迎合那些需要计算机性能极其稳定的买家，而不是追求最先进的系统。还有的计算机公司将注意力放在了小型企业用户身上，这样的公司可能会采用制造个人计算机的战术，让人们逐渐习惯它的产品，然后提供更强大的设备。在这种情况下我们很难分清这些究竟是战术还是子战略，不过没有关系。重要的是，我们要理解战略是一种总体意图和行为方式，它指导着我们的每一步应该怎么走（即战术）。

公司战略是近年来比较热门的一个话题，因为在激烈的市场竞争中，仅仅依靠占据市场主导地位和对竞争对手的调整进行快速反应已经不足以支撑企业很好地发展了。

如何设计行动方案

在 L 游戏中，每一步棋都有很多种走法，我们不可能把每一种的后果都仔细思考一遍。因此，我们可以绕过这个问题，从获胜的角度倒推。大多数获胜棋位（并非全部）都会将对方的 L 形逼到角落中。因此，如果对方的 L 形被逼入角落，最终很有可能就无法挪动了。不过，对方也明白这一点，会尽量远离角落，所以我们需要让对方能够让我们的 L 形棋子处于能逼迫对方的 L 形棋子进入角落的位置。这就是逆向思考。

这种思考方式也可以应用到其他事情上。比如，我们想去爱丁堡，那么我们可以从爱丁堡开始逆向思考。我们可以先去纽卡斯尔，从这里再去爱丁堡就很容易了。那么我们把纽卡斯尔作为目标，随后再找一个到纽卡斯尔很方便的地方，以此类推。

这种逆向思考的过程如下图所示。

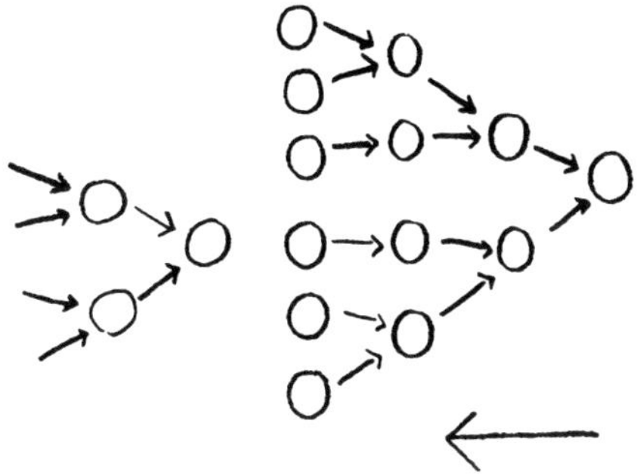

用这种方法设计行动方案十分有效。我们实际上设计了若干个行动方案，然后找到离某个切入点最近的路径。需要注意的是，逆向思考并不是一件容易的事，因为我们需要进行大量的思考，并且有足够的想象力。

将能够到达最终目标的切入点看作目标，然后进行逆向思考，以此类推，这样就能把行动分解成简单的步骤。这可能不是最有效的方法（比如去爱丁堡或许可以绕过纽卡斯尔），但如果你对行动方案毫无头绪的话，这不失为一种有效的办法。

假设框地图

我在《机会》一书中提到了“假设框地图法”。这是一种很方便的符号表示法，用于规划行动方案，我们可以在假设框里分别列出行动通道。

行动通道是我们一旦决定做某事就可以立即采取行动，通道就在那里，没有任何事情可以阻止我们沿着它前行。比如，如果你想向朋友借钱，就可以给对方打电话，没有什么可以阻止你打电话的这一行为。

然而，你不能控制朋友是否会把钱借给你。你能做的是充分发挥你的说服力给对方一个无法拒绝的理由。对于这件事你没有控制权，这就是一个假设框。你必须等待结果，而结果取决于那些你无法控制的因素。你遇到了阻碍，无法像沿着行动通道通行那样畅通无阻。

我们通过划分行动通道（畅通无阻）和假设框（有阻碍）来规划行动方案。

举一个例子，假如你构想了一个商业计划，为度假、赏景、记录特殊时刻的人提供相机租赁服务（就像现在的汽车租赁服务一样），你可以构建一个假设框地图，如下图所示：

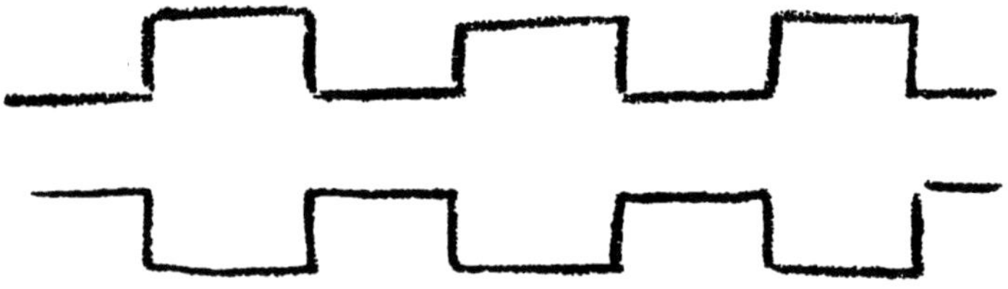

思考过程如下：

A-1　向银行申请贷款。

如果 -1　银行同意借款。

A-2　出资进行市场调研。

如果 -2　调查显示有市场。

A-3　向相机公司提出特别合作。

如果 -3　相机公司同意此次合作。

A-4　寻找营业场所等。

上图所展示的可能并不是行动通道和假设框的最佳顺序。接下来我们的假设框地图设计如下：

（A）-1　在度假胜地找一家商店。

（如果）-1　你找到了。

（A）-2　与该商店签订了一个季度的租用协议。

（如果）-2　你出租相机的试验成功。

（A）-3　向相机公司证明你的方案可行。

（如果）-3　你能与相机公司达成特别合作。

（A）-4　向银行申请贷款，用你的成功案例和与相机公司的合作作为证明。

在这个阶段找银行贷款会比在一开始只有一个想法的时候更有说服力。

我在《机会》一书中提到，假设框地图可以假设最好的情况，你可以列出如果一切如你所愿，事情会是怎样的。假设框地图没有分支点。如果你想考虑其他情况，可以建一个新的假设框地图。

如何进行规划

在一个快速变化的世界中，计划总是赶不上变化。因为计划需要基于当前的状态和对当前趋势的推断。但我们不能忽视规划的重要性，同时要让我们的规划变得更加灵活。我们既要能在不变的环境中进行规划，也要规划如何适应变化。规划的灵活性非常重要。

我们可以将规划看作一条“主流”，即在特定的时间要完成特定的事情。汇入“主流”的是“供给流”，也就是那些必须完成的事情，它们对于主流的推进至关重要。这种关系如下图所示：

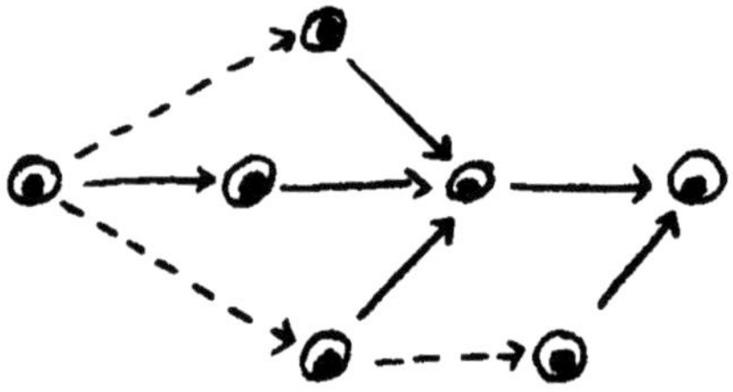

当然，我们可能需要在“主流”上做一些事情，以使“供给流”流动起来，如图中虚线所示。这与商业中确立已久的规划方法非常相似。

设计规划需要考虑到可能会发生的变化（前文中提到了）。规划应该具有灵活性，以便在情况发生变化时仍然可以进行（例如汇率发生变动）。我们要在规划中设置变更点，并在该点对情况进行评估，判断是否需要变更路线或者目标；也要设置监测点，可以评估正在发生的事情；还要设置成就阶段，统揽规划的总体进展；最后，需要设置截止点，如果情况有变可以放弃计划（无论是由于计划本身有缺陷还是外界情况发生重大变化）。最重要的是，上述内容应该在我们一开始进行规划的时候就融入进去，而不是等事情发生之后再进行修改。

地形图

我们的行动都发生在未来，我们可以把未来看作一张地形图，我们要在这样的地形中实施行动。这个地形中可能有一些关键因素能够推动或阻碍行动，下面我们依次来看一下这些因素。

人

我们的行动方案可能有他人参与设计，或者需要得到他人的支持。我们需要考虑委托、指导和沟通等情况。人们可能会起到帮助或阻碍的作用，他们可能是中立的，也可能是充满惰性的。他们可能会破坏、抵制、反对或延误这项方案。我们要思考他们的逻辑泡泡以便了解他们的动机。我们需要选择合适的人参与到自己的行动方案中。

风险

所有的行动方案都会有风险，因为我们无法完美地预知未来。在我们无法完全掌握的领域，有很多未知因素（比如尽管做了市场调查，但还是无法预知市场对某个产品的反应）。政府和竞争对手的行为可以猜测，但无法完全掌握。还有一些未知的变化，比如通货膨胀、货币汇率和原材料价格等的变化。技术突破也是一个未知数，此外还有产品线中出现的故障或安全问题。最后，差额也是一个未知数，因为我们最初的预测有可能无法实现。

约束

我们会面临法律约束、监管约束和分销系统的约束，还可能面临对时间和价格的约束。约束可能是恒定的，也可能是变化的。在制定新标准（可能由主要生产者制定，也可能通过协议制定）之前设计的产品可能会在新标准公布后变得过时或无法销售。

资源

资源为行动提供“能量”和手段。资源包括人、资金、时间、努力、动机、技术知识、信誉、市场地位等因素。

未来

最后，我们需要对未来可能会发生什么进行预测，其中包括政治变化。此外，我们还应该考虑竞争行为，可能是竞争对手对你的行动做出了回击，也可能是他们有自己的行动方案。

在商业和日常生活中的使用

本章的部分内容可能更适用于商业领域而不是日常生活，因为“行动”是商业中的习惯用语。商界总是变幻莫测，必须制定规划、战略和目标。在日常生活中，我们可以不必每天制定正式的目标。如果你希望自己的生活更有目的性，可以从本章中汲取适用于日常生活的部分，比如 AGO 或者假设框地图。

11

刻意思考

本章会从实用的角度探讨思考技能的运用。要想提高思考技能，我们应该怎么做呢？在培养思考技能的过程中，我们应该注意 4 个重要方面：刻意、专注、自信和愉悦。

刻意思考

一个善于思考的人应该能够随时展开刻意思考，思考任何事情的任何方面。这并不意味着在刻意思考之外他就不需要其他形式的思考了。我们在思考时要运用思考的“一般方面”，这一点将在后文中进行探讨。关于刻意思考我想强调，能够掌控自己的思考、随时随地进行思考是非常重要的。

保持专注

未经训练的思考往往是点对点的，从一个想法跳跃到另一个想法，其中夹杂了很多没有意义的想法，效率很低。使用这种思考方式的人通常只有在反驳他人的某一观点时才能够保持专注。在思考中保持专注非常困难，大脑喜欢随心所欲地漫游，这种方式有利于发挥创造性，但它不应该成为主导。在未经训练的思考中，某些想法会触发思考者的情感，从而决定了他看待事物的方式，思考只是沿着这条路前进，并没有对主题进行真正的探索。

本书中提到的以及 CoRT 思考课中运用的思考工具可以帮助大家在思考中保持专注。你可以开始刻意地进行 PMI 或者 OPV，立刻行动起来。首先要下决心去做，然后是落实，给自己明确的指示。

练习刻意思考的焦点可宽泛可具体。你可以专注于一般的“自行车”，也可以专注于“自行车轮辐的形状”。我们在一般的交谈中可以提出或宽泛或具体的问题，思考的焦点也是如此。

自信地思考

我们应该自信地进行思考。保持自信能够帮助我们更好地发挥所掌握的技能（比如滑雪、打网球等）。不过，自信有别于傲慢。确信自己是对的，确信自己的思考更胜一筹，确信没有其他替代方案，这是傲慢。正如前文提到的那样，傲慢是思考最大的绊脚石，因为它扼杀了思考。自信的思考者未必是杰出的思考者。自信与价值无关，而是一种做事方式。自信的驾驶员可以信心满满地驾驶车辆，他知道自己的水平有限所以开得比较慢，但依然以自信的态度锻炼自己的这项技能。

自信的思考者不必证明自己是对的，别人是错的。他会把思考看作一种操作技能，而不是自我成就。自信的思考者愿意倾听他人的意见，愿意通过获取新的观点和看待事物的方法来改进自己的思考。自信的思考者愿意进行思考，愿意承认自己尚未找到答案。

自信的思考者也会犯错误，但他能从中吸取教训。

享受思考带来的愉悦

我们只有在生病时才会吃药，所以吃药对我们来说不是一件愉快的事情。同理，如果我们只在面临无法解决的问题时才会思考，那么思考就不太可能成为一项令人愉悦的技能。享受思考并不意味着必须对解谜和智力游戏感兴趣，其实我个人对这些就不太感兴趣。思考更加强调能够思考不同的事物：产出想法、解决问题、进行“思考”型的讨论等。有的讨论十分无聊，每一位参与者都在表达自己坚持的观点；有的讨论十分愉悦，参与者能够真正对主题进行探讨，在讨论结束时，大家都有了新的想法，激发了新的思考。

小孩子其实非常喜欢思考。一名来自委内瑞拉的少年以前总是逃学，现在，为了不错过思考课，他说服父母不要去度假了。成年人也可以享受思考，前提是不打击他们的自尊心，并且有一些能够鼓励他们思考的正式的框架。为此，我建议成立“思考俱乐部”，这个俱乐部可以为人们提供一个框架，使他们可以享受思考的乐趣，以有效的方式处理不同的任务。我将在后文中继续讨论这个问题。

思考不只是应用于严肃而庄重的场合，它也可以充满有趣的推测，比如，我们可以提出“如果……会怎样”等类似的问题。探讨想法、设计想法、把玩想法都是思考的乐趣。思考不应该只是用于拼命地证明你是对的。如果你的思考只是为了把自己的观点强加给别人，那么你将永远停留在原地，得不到收获。片面地追求正确实在是乏味至极。

对自我形象的认知

这是最为重要的一点，我在本书开头提到过，这里再次强调。人们往往会捍卫“我很聪明”或者“我不是书呆子”等自我形象，这是一种价值形象。对于前者，思考只是一个展示自己很聪明的工具；而后者是在回避思考，因为他们认为思考很“乏味无聊”。相比之下，“我是一个思考者”则完全不同，这不是一种“价值”形象，而是一种践行者形象。打网球的技能可以通过保持专注和加强练习来提高，一个人或许不是世界上最好的球员，甚至不是他打球的那个球场上最好的球员，但他仍然享受打网球。“我是一个思考者”的自我形象也是如此，它意味着我可以尝试思考，我享受思考，我有兴趣培养更多的思考技能。

如果大家听完我的课、读完我的书之后有了“我是一个思考者”这样的自我形象认知，我会感到非常高兴。与这一转变相比，其他的技巧、理解和方法都是次要的。

在思考时遵守时间纪律

我们往往认为思考应该是自由的，不受任何约束。但是，严格的时间纪律不仅能确保思考的效果，还能增添思考的乐趣。你可以设定自己思考某件事情的时间为 30 秒、1 分钟或者 5 分钟。在学校开设的 CoRT 思考课中，我们通常让学生在很短的时间（2~4 分钟）之内完成思考，这是非常重要的一点。

使用这种时间纪律有许多原因。首先，它能够使思考更加刻意和专注。思考者打开思考的开关，大脑开始运作，思考者可以直接专注于需要解决的问题。随着时间的推移，思考者能够更加熟练而清晰地思考问题。更重要的是，严格的时间纪律反而赋予了我们思考的自由。时间纪律消除了思考带来的负担和压力，你只需思考两分钟，不必一直思考到问题解决的那一刻或者必须想出一个绝妙的方案。你只需要花两分钟完成思考任务，无论是否想出了什么，两分钟结束后，你就可以停止思考。在实践中，这种时间纪律能够非常有效地消除思考带来的苦恼。起初，人们可能会担心在短时间内想不出任何好主意。通过练习，他们渐渐明白了想出好主意并不是我们的目的，我们的目的是在规定的时间之内，我们应该一直保持思考，无论最终的结果如何。

通过练习，我们发现 30 秒的思考时间便算很长的了。毕竟，一个复杂的梦境所持续的时间也不过几秒钟。

意识到自己的收获

这也是非常重要的一点。如果你觉得只有证明别人是错的、解开谜题、找到问题的答案或者想出一个精彩的观点才算是思考的成就，那你可能根本不会去尝试思考，更不用说要持续思考几分钟了。“收获”与“时间纪律”相辅相成。“收获”这个词通常是农业意义上的：采摘苹果、收割小麦或者其他庄稼。在思考的语境下，收获是指思考者获得了新的想法或观点。我们要意识到自己在思考中取得了怎样的成就，即使思考的过程非常短暂。也许某个观点变得更加清晰了？也许我们意识到某个想法造成了阻碍？也许我们想出了实际的建议？也许一些方案更加细化了？也许我们发现了另一个需要进一步思考的问题？

对收获保持敏感意味着我们要善于发现自己取得了怎样的成就。成就或多或少总会有的，就看我们是否能意识到了。意识到“我一直在原地打转”也是一个相当大的成就，因为你知道自己陷入了僵局。

作为练习，请思考以下主题，每个主题用时 30 秒。请在思考完成后写下你的“收获”：

1. 公交车。

2. 纳税。

3. 礼仪。

4. 天气。

5. 圣诞节。

6. 一块手表。

7. 兔子。

以上练习的目的是让大家意识到自己的“收获”。

反思自己的思考过程

善于思考的人可以做两件事：

1. 就某个主题进行思考，即执行思考任务。

2. 思考在执行思考任务中所使用的思考。

很少有人反思自己的思考过程，但这种习惯却是思考技能的一个重要部分。高尔夫球手会反思自己是如何挥杆的，网球运动员会反思自己是如何反手击球或发球的。站在旁观者的角度观察自己的行动是培养思考技能的一个重要方面。思考者应该养成反思自己的思考过程的习惯，能够回顾自己在执行思考任务时所使用的思考技能，能够注意到自己正在使用的思考技能，能够知道自己接下来需要使用的思考技能。

思考者还应该能够观察到其他人使用的思考技能，或者在一般情况下人们对于某一主题的思考方式。观察他人的思考并不是要对其进行批评或攻击，而是观察对方运用了怎样的思考技能，就像一个观鸟者观察鸟类一样。越是擅长这方面的人，就越喜欢做这件事。

在观察思考时，我们可以列出需要观察的点，比如：有哪些障碍、重复的观点、情感要点、生成更多替代方案可能遇到的困难、空白点、看待问题的其他方法、得出结论的可能性、识别阻碍点、继续下去的困难、找到起点等。

列出一张完整的观察清单是非常有帮助的。只有当你的大脑中储备了这些概念，你才有可能“观察”思考。例如，“价值负载词”这一概念能够让你挑选出有关价值的内容，当你遇到价值负载词时，就能一眼看出。

TEC 框架

TEC 是一个简单的思考框架，能够帮助我们集中注意力思考，将思考变成一个需刻意执行的任务。我将在后文“5 分钟思考”部分对此展开讨论，这里我们暂时从一般意义上来理解 TEC。

T 代表目标（target）和任务（task）。

目标是思考的焦点。比如在挑选鞋子时，我们一般会关注鞋跟、鞋的款式，或者左右脚形状的差异。正如在“保持专注”中提到的那样，目标可宽泛可具体。

任务是指要执行的思考任务。在思考的过程中，我们可能需要回顾某件事的做事方法，对它进行改进；可能需要找错和纠错；可能需要解决问题；也可能只是需要发现问题。这个思考任务可能需要我们发挥一定的创造力：“怎样能使鞋跟发挥它的功能？”“如何使鞋跟更好地发挥作用？”本书中（或 CoRT 思考课中）提到的所有思考工具都可以成为你的“任务”。你可以设定自己的任务，比如进行 C&S 或 AGO。

精确地定义你的目标和任务是很重要的。

E 代表扩展（expand）和探索（explore）。

这是一个向外打开的阶段。在这一阶段中，我们可以使用水平思考的技巧，比如运用随机词或者挑衅的方法；我们可以进行 CAF，思考所有涉及的因素；我们可以检索自己的经验；我们可以分析情况；我们可以尝试提取熟悉的模式。

在这一阶段中，我们不断打开领域，填充“地图”，探索“地形”。这个过程允许我们进行一定程度的漫游式的思考。这有点像学校中的一些论文题目：写出你对……的看法。

扩展是积极的、自由流动的。在这个过程中，我们的目的不是进行判断或者找到最好的想法，而是积极获取信息和概念。信息的丰富度至关重要。

C 代表收缩（contract）和总结（conclude）。

这是一个缩小范围的阶段。我们需要理解获取的信息，并得出一个明确的结论。这个结论可能是一个解决方案、一个有创意的想法、一个补充的替代方案或是一个意见。我们可以对这一结论进行设计、塑造和判断。结论是我们思考的结果，而不仅是对思考的总结。结论的本质是什么？它补充了什么？这一结论有什么后果？我们的“结论”可以从以下 3 个方面展开：

1. 给出具体的答案、想法或意见。

2. 列出取得的所有收获，包括列出所有的想法。

3. 客观地反思一下自己的思考过程。

即使第 1 条没有任何收获，第 2 条、第 3 条也应该有一些收获。

作为一个简单的思考框架，TEC 可以应用于思考的各个环节：聚焦目标、设置任务、扩展和探索、收缩和总结。

5 分钟思考

5 分钟思考是一个正式的思考框架，应该在严格的时间纪律下进行。时间安排如下：

1 分钟：目标和任务

2 分钟：扩展和探索

2 分钟：收缩和总结

5 分钟似乎很短。如果我们进行的是漫游式的思考，5 分钟确实不长。然而，如果我们进行的是专注的思考，这段时间其实足够用了。很多思考小组起初会在时间用完之前就思维枯竭了。

5 分钟思考可以由一个人独自完成，也可以由小组合作完成，小组成员不应超过 4 人，否则每位成员的参与时间就太短了。

正如前文中提到的，我们必须严格遵守时间纪律，这一点非常重要。时间是我们唯一的纪律，遵守这项纪律能够让我们的思考保持专注。举一个例子，在实践中经常有思考者或思考小组在不到 1 分钟的时候就决定了目标和任务，于是迫不及待地想进入下一阶段。我们应该避免这种情况。严格遵守时间纪律的原因是，如果思考者觉得他在扩展和探索阶段可能时间不够，就会希望压缩第一阶段的时间，结果看似简单的第一阶段没有得到足够的关注。因此，在时间用完之前，请继续进行你所在阶段的任务。

下面是一个 5 分钟思考的示例，其主题是电话。在实践中，这些内容应该由我们想出来而不是写出来：

目标和任务（1 分钟）

- 设计新型电话。
- 纠正存在的问题。
- 添加其他功能。
- 提供新型电话服务。
- 着重改善某些重大缺陷。

- 或许通话中断是重大缺陷之一。
- 解决通话中断的方法。

所以，我们的任务是解决通话中断问题：

扩展和探索（2分钟）

- 使用电话答录机。
- 日本有一种电话答录机，可以接听一般来电。特殊来电有一个秘密号码，双方可以通过这个号码找到对方。
- 拥有一位通话小助理，向来电者说明你在开会。
- 美国的“语音信箱”系统是一种单向电话，来电者可以在你的计算机“信箱”中留言。你可以随时清空信箱、给对方回电并在对方的语音信箱中留言。在这种情况下，通话不再是一种“实时”交流。
- 设计一种特殊的铃声，最好是一种指示灯，可以让用户知道来电是否紧急。但来电者可能会故意夸大情况，这样所有的来电都成了紧急来电。对于来电者来说情况可能确实很紧急，但对于接电话的人来说可能不是。或许用户可以“看到”来电是否紧急？可以在纸上打印出来电者是谁以及他想要做什么。可以打印在纸上或显示在屏幕上。也许已经有这样的设备存在，供听障人士使用。
- 如果打印在纸上，用户可以撕下包含名单、电话号码和来电原因的部分，然后在方便的时候回电。这样检索起来比查找电话录音要快得多。但是这样一来，每部电话都需要一个键盘或者一种将声音转换成文字的设备。一个简易传真机或许能解决这个问题。

收缩和总结（2 分钟）

- 可以知道来电者是谁以及他想要做什么。秘书虽然也能做到这一点，但你还是会被频繁地打断，浪费你和他人的时间。
- 在来电时能够看到信息会更好。如果你正忙，可以稍后阅读这些信息；如果你不太忙而且来电很重要，就可以立刻接听。
- 当然，你可以要求对方给你发传真而不是打电话。这项技术并不难，而且我们可能已经在向听障人士提供这样的输出设备了。
- 最大的难题是，发送者需要键盘输入。如何解决这个问题呢？
- 也许发送者可以输入一个特殊代码，使电话上的数字键可以打字。这样一来，任何普通电话都可以实现这一功能。

结论：一种可以与任何电话连接的输出设备，并且可以在被叫方的电话上进行操作，只需使用普通的拨号数字键就可以实现。

思考概述：发现问题和解决问题

在这一过程中，我们首先专注于一个特定的难题，探索了克服这一难题的方法，但仅发现这些方法是不够的；然后，我们想象了一个“理想的解决方案”并寻找落实的方法；随后，我们对这个方案进行了补充，着重解决它的某个缺陷，并且找到了改善这一缺陷的方法。最终，我们得出了一个具体的产品方案，赋予了电话新的功能。

上述示例的结论很明确，但有时候，我们可能无法得出明确的结论。在 5 分钟思考结束后，我们可能只是更深刻地认识到主题的难度，认识到需要设置更加具体的目标。那么扩展和探索部分可以用来发现或制定解决问题的“方法”，或者找出一个在下一次思考中可以解决的“问题”。这里的关键在于，虽然我们的产出必须是明确的，但也可以有很多不同的产出。在 5 分钟之内取得一些进展就足够了，希望解决整个问题不太实际。

在思考过程中，我们不能有赶时间的感觉。如果你觉得自己在赶时间，那么你设置的目标可能太过宽泛。你也可以针对同一目标再进行一次 5 分钟思考。不过，我建议不要立刻进行第二次思考，否则你会产生一种压缩思考时间的冲动，将 5 分钟压缩为 3 分钟，这会使我们的练习失去意义。

TEC 框架的符号表示

下图展示了 TEC 的符号表示。这些符号可以分开使用，作为对自己或他人的指令，比如“聚焦目标”“打开思路”或者“缩小范围或收缩”；也可以标注在报告的空白处作为提示。

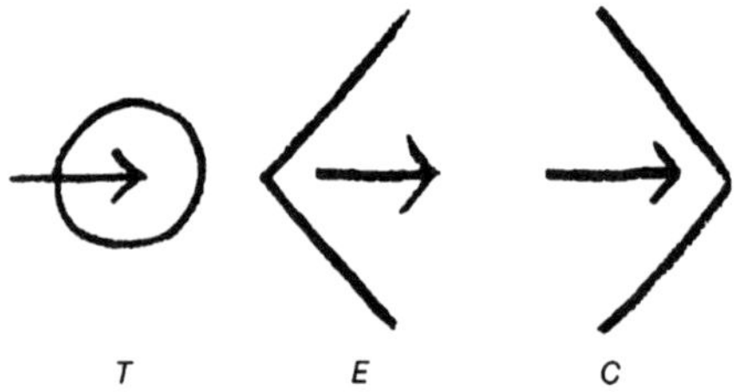

请使用 TEC 框架对以下问题进行 5 分钟思考，可以重新定义每一项的任务。

1. 使学校变得更有趣。

2. 增加就业机会。

3. 减少入室盗窃。

4. 让人们意识到污染问题。

5. 结交新朋友。

6. 发明一种新型聚会。

PISCO

PISCO 提供了一个更加完整的思考框架。TEC 和 PISCO 在

"CoRT 思考项目"的第 6 部分中有更详细的描述。

PISCO 中各字母所代表的含义是:

P 代表目的(purpose)。

思考的目的是什么?我们期望的最终产出是什么?为什么要进行这种思考?这与 TEC 中的"T"(目标和任务)有些相似,但这里更加强调为什么要进行思考。

I 代表输入(input)。

这里需要输入的是信息、经验和所有需要纳入思考的因素。在这一阶段,我们可以使用各种思考工具(如 CAF、C&S、OPV)绘制丰富的思考"地图"。从某种程度上说,这一步有点类似于 TEC 的"E"(扩展和探索)部分。

S 代表方案(solutions)。

方案是指事情的替代方案、思路或方法。虽然"solution"一词暗示着有问题需要解决,但在 PISCO 中,S 仅表示提供的具体方案。这是一个缩小范围的步骤,类似于 TEC 的"C"(收缩和总结)。

C 代表选择(choice)。

在这一阶段,我们需要对在上一阶段提供的各种替代方案进行选择。通过评估做出决策,最终只留下一种方案。具体可以参考本书有关决策的章节。

O 代表操作(operation)。

这一阶段我们需要采取行动，将选择的方案付诸实践。落实方案需要哪些步骤？如何划分阶段？在这一阶段我们要重点关注想法的落实。

PISCO 的符号表示

PISCO 的符号表示如下图所示：

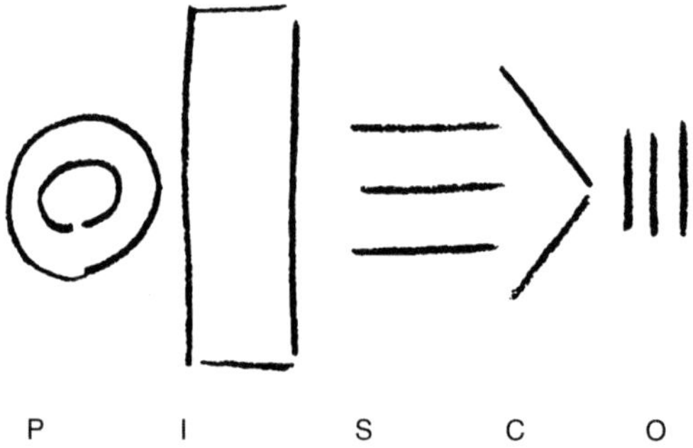

请对下列情况进行 PISCO 练习：

1. 清扫街道。

2. 照顾老年人。

3. 为慈善事业筹款。

4. 计划度假。

5. 设计戏剧海报。

6. 成立“思考俱乐部”。

TEC-PISCO

TEC 和 PISCO 两种框架可以结合使用。TEC 是较为通用的框架，PISCO 则划分为不同阶段，在思考实际问题时会更有帮助。每一阶段没有特定的时间限制，只需留意自己正处于哪个阶段即可。无论进行到 PISCO 的哪个阶段，只要你发现有需要进一步思考的问题，都可以在这个问题上直接进行 TEC。

对于一般目的的思考技能练习，使用 TEC 框架就足够了，无须使用复杂的 PISCO 框架。

思考的刻意练习

我们不是只有在溺水时才能学会游泳，学习游泳也不仅是为了防止溺水。学会游泳确实可以防止溺水，但我们学习游泳也是为了享受游泳的乐趣。思考也是如此。我们可以培养思考技能，以便在真正需要时能够信手拈来。我们也可以对此进行练习，因为我们喜欢将思考应用到实践当中。滑雪的人之所以滑雪是因为他们喜欢滑雪，而不只是为了能够在雪地上穿行。练习滑雪技能本身就是一种乐趣，思考也是一样的。不过，我们可能会经历一段笨拙的时期（就像刚开始学滑雪那样），似乎很难取得进展。在这一阶段，我们还在关注自我，想要证明自己是对的，希望通过思考一次性解决所有问题。

非鸟类观察者无法理解鸟类观察者到底在观察什么，他们只能看到一些不知名的鸟儿在跳来跳去。我们需要有一定的知识储备，才能慢慢地提取出一些模式。此时，我们需要思考的主题变得引人入胜，值得我们花时间思考。只有当我们投入大量的观察与实践之后，才会逐渐领略到主题的魅力。

思考俱乐部

一些学校已经将《CoRT 思考课》（由美国 Perfection Learning 出版社出版）纳入教学内容。对于已经毕业的人以及所在学校没有开设这类课程的人来说，现在还没有正式的平台供大家练习本书中涉及的一般思考技能。为了提供这样的平台，我建议成立思考俱乐部，人们可以聚在一起，以小组为单位对某一主题进行思考，从而有意识地、专注地练习思考技能。

一般思考技能

前文中我们讨论了如何在特定的时间对特定的情况进行刻意思考。此外，思考会成为我们的“第二天性”，我们养成的思考习惯、态度、策略等会自然而然地运用到生活中。在刻意思考中，我们可以坐下来正式地进行 5 分钟思考；在“第二天性”思考中，这些思考技能可以在任何情况下都不自觉地运用起来，无须有意识地努力。最终，我们需要将两者结合起来：既能将一般思考技能作为第二天性，又能对某个问题正式地进行刻意思考。需要注意的是，在思考成为我们的“第二天性”之前，进行正式的思考练习是非常重要的。

为了将一般思考技能发展为第二天性，我们必须进行正式而刻意的练习和实践，否则这些“执行性概念”就无法成为我们思考的一部分。没有正式的练习，我们会回到旧有的观念：“我是一个聪明人，我认为自己是一个会思考的人，所以我无须再做任何努力了。我还认为自己思想开放，愿意倾听他人的意见。”这些模糊的认识并不能提高一个人的思考技能。

哪些习惯有助于我们提高一般思考技能呢？下面举一些例子：

- 认识到感知的重要性以及感知的本质是创造和使用模式。
- 本能地寻找替代方案，不仅在需要替代方案时寻找，而且在似乎无须替代方案时也去寻找。
- 不会在思考的时候傲慢自大。
- 不喜欢消极思维，因为这是一种简单、廉价的思考方式。更喜欢展望法而不是辩证法。
- 愿意倾听他人的观点，有进行 OPV 并分析逻辑泡泡的习惯。
- 在双方有分歧时执行 EBS 和 ADI，并且在这种情况下能够弄清价值观。

- 了解情感、感觉和价值在思考中的重要性，尽力先进行感知型思考，再加入情感因素。
- 先对情况进行全面检索（包括 PMI、CAF 和 C&S 等），再得出结论。
- 具有做决策的能力。
- 具有设定目标、子目标和设计行动方案的能力。
- 能够利用一些想法的“转移价值”，能够刻意提出并利用“挑衅”。
- 理解水平思考的内涵，乐于改变自己的感知（即使改变失败了）。能够使用“随机词刺激法”等方法激发自己的灵感。
- 能够进行正式、专注的思考。
- 喜欢将自己的思考落地，理解“操作技能”。
- 清楚地认识到思考是一种技能，并将自己看作一名思考者。

思考工具的正式和非正式使用

对于本书中提到的思考工具和思考方法，我们需要正式而明确地使用它们，还是说它们会成为我们的“第二天性”呢？

多年来的实践表明，这些思考工具在正式而明确地使用时效果最好。这并不奇怪，我们在使用数学公式时也需要这种正式和刻意。

因此，如果你需要思考，无论是独自一人还是跟他人一起，你都应该毫不犹豫地建议正式、刻意地使用思考工具。

我们如果没有充足的时间正式地使用这些工具，也可以非正式地使用它们。比如，正式地对 PMI 工具进行刻意练习能帮助我们更全面地了解情况，即便我们没有明确表示使用了 PMI。

此外，正式地使用思考工具有助于我们将这种思考方式变为一种自然而然的习惯，但我们不应该在它们成为习惯之后，就抛弃正式的使用方式。正式的使用方式始终是使其发挥作用的最佳途径。

许多极具创造力的人告诉我，当他们正式而刻意地使用水平思考工具时，往往会想到更棒的主意。这也是我的个人经验。

12

关于思考的总结

本书的内容是基于我多年来的大量教学实践而写，这些经验在不同年龄、能力和文化水平的学员中得到了验证。闭门造车、凭空想象什么是思考，然后将自己片面的想法作为教学内容，是一种投机取巧、误人子弟的行为。

讲授思考技能，首先需要改变某些错误的认知和习惯。比如，思考并非只关乎智力或智商，它是一项每个人都可以发展的技能；我们需要意识到“智力陷阱”；我们需要鼓励大家树立“我是一个思考者”的自我形象等。

我们还要认识到西方思维习惯往往以一些负面词为主导（冲突、批评和辩证法）；我们需要摆正消极思维的位置，它只是思考的一部分。我们首先需要创造性、建设性和设计性的思考，然后才是消极思维。

我们需要改变对思考和行动的看法。为了实现这一改变，我们需要创造一些概念，比如“操作技能”，它指的是落实到具体行动中的思考。我们需要将思考付诸实践,而不仅仅是纸上谈兵。

我们需要了解感知在思考中起到的作用，它是一种自行组织的模式系统，奠定了思考的方式。比如，如果我们选择水平思考模式，那么接下来就会自然而然地按照这种模式进行思考。

我们要正确看待情感、感觉和价值观。虽然它们都是思考的重要元素，但我们必须在进行思考之后再让它们发挥作用。

我们要明白提高思考技能不是一句空谈，必须进行正式而刻意的练习，付诸实践。我们希望与思考相关的习惯、态度和战略最终能够变成我们的第二天性，运用自如。这一目标必须经过正式而刻意的练习才能实现，空想是没有用的。

因此，本书中的一部分内容是关于理解、领悟、正确看待事物、打消错误认识的，希望引发读者们对思考的洞察。我在讨论上述内容时可能会夸大一些情况，也许言辞比较犀利，但经验告诉我，我必须这样做。思考最大的敌人是“我们的思考方式已经很不错了，不需要提高”这种错觉。我不赞同这种观点。我认为我们在技术进步方面做得不错，而在其他领域却不尽如人意。如果我们对自己的思考技能不那么自满，不那么倾向于将思考寄希望于有思维惰性的人，我们本可以取得更快的进步。

有时为了更好地阐述概念，我们有必要创造一些新的词语。比如，多年前我提出了“水平思考”一词，目的是阐述与创造力有些相似但又不完全相同的思考领域。“po”是我提出的另一个新词，它源于模式系统的逻辑。在这本书中，我还引入了其他概念，比如一个想法的“转移价值”“展望法”（与辩证法相对）“逻辑泡泡”（描述他人的感知、做事的逻辑）“操作技能”（与描述性思维相对）。这些新词描述了很多重要的概念，创造它们是非常有必要的，我认为应该将它们纳入我们的语言系统，因为没有新词，我们就无法更新概念。如果继续沿用旧词，那么新概念终将被旧概念淹没。

我在本书中还用到了一些描述性短语，比如“智力陷阱”“小镇维纳斯效应”“瞄准问题和钓鱼问题”“密集型阅读”“决策前框架和决策后框架”。这些短语是为了方便描述或交流而提出的，有些不必要的词可能会随着时间的流逝而消失。它们曾经发挥过作用就足够了。

最后，我们回顾一下具体的思考工具——注意力引导工具。如果你想了解我为什么要创造这些工具，可以读一下我的另一本书《教你思考》。我知道，提出 PMI、CAF、C&S、AGO、OPV、HV 和 LV 等缩写词似乎是没有必要的，也不太好记。其实，当年我初次在 CoRT 思考课中引入这些缩写词时，授课教师们就已经向我抱怨了，但这是正式开课前的情况。经过一番教学实践后，教师们纷纷表示希望有更多这样的“速记工具”。他们发现，在实践中，有时需要一个陌生而简单的指令，用来引导自己或他人的思维。不管我们喜欢与否，“做一个 PMI”这样的指令比敦促人们“辩证地看待问题”会更加有效。这并不稀奇，因为这就是大脑的模式系统的工作方式。

我们可以刻意练习这些思考工具（比如 PMI），并能够感受到自己掌握得越来越熟练了。这一过程随后便进入我们大脑中的概念库，成为一种“执行性概念”。换句话说，我们学会了行动性概念而不仅仅是描述性概念。

多年来，很多人都在攻击我制造了很多不必要的缩写词。这些攻击来自那些没有讲授过思考技能的人，他们发现抓住这一点比讨论基本概念更容易实现攻击。但实用性才是王道。根据多年来对成千上万的学员进行思考教学的经验，这些注意力引导工具的概念是非常必要的。其实，我个人并不喜欢术语，这就是为什么我一直避免在书中使用心理学术语，因为我的读者并不是心理学家。

有些人认为，他们如果密切关注自己的思考，就会产生过多的自我意识，然后会有一种不知道应该先迈哪只脚走路的感觉。这个观点有一定道理，一些复杂的思考方法确实如此。然而，大家可能会发现，本书中提到的思考工具不过是引导注意力的工具，它们并不复杂，彼此之间也没有固定顺序。我们可以像以前一样思考，在任何节点以任何顺序插入 PMI 或 OPV 等注意力引导工具，从而使思路更加清晰。如果你只记得某一个工具（如 PMI），这也是一种收获。相比之下，在一些复杂的思考技能中，如果你忘记了其中的某一步怎么做，接下来可能就会茫然无措。

我们真的需要像本书建议的那样刻意练习思考吗？答案是肯定的。读完这本书之后，你的一些思考方式会逐渐发生变化，比如，你对消极思维的态度可能会转变。但是，需要你去刻意练习的方面还有很多。比如，每个人都会站在他人的角度看问题，但刻意练习 OPV 会产生非常不同的效果。这就类似于，你可以阅读关于烹饪、打高尔夫球或者驾驶的书，但最终只有亲身实践才能真正提高这些技能。

可能有人认为自己的思考方式非常出色，对这本书不以为意。我只能祝他们好运。我的第一本关于水平思考的书出版之后，来自世界各地的读者写信告诉我，那本书对他们非常有帮助，而这些读者都是来自行业里非常有创造力的人物。

最后，我想以自己的个人感悟作为全书的一个总结：如果我们允许年轻人思考，那么美好的未来就在不远处。

13

思考俱乐部

练习打网球需要去网球场，练习打高尔夫球需要去高尔夫球场，练习滑雪需要找一个雪坡。那么想要练习思考技能应该去哪里呢？我们可以借助智力游戏、填字游戏、侦探小说和桌游，但这些只涵盖了思考的一小部分。许多善于思考且乐于思考的人并不喜欢解谜游戏，因为他们喜欢更广阔、对实际生活有所帮助的思考，这是一种大智慧而不是小聪明。我们只有在需要做出重大决策（例如购房或跳槽）时，才会被迫进行思考。如果我们在快要溺水时才练习游泳，那起不到什么作用。同理，如果我们只在不得不思考时才进行思考，这样既不能提高思考技能，也不能带来乐趣。因此，我们不能让思考变得像吃药一样，只有在有麻烦的时候才会想起来。

思考俱乐部是一个练习和享受思考的地方。这里不需要你必须想出正确答案，也不会进行考试。思考俱乐部是为了想要享受思考、发展思考技能的人而设立的。思考跟其他技能或爱好是一样的，如果你想从中获得乐趣，就需要付出一些努力。随波逐流并不能提高你的球技或者滑雪技能，你需要在一个专门的地方进行练习。

加入思考俱乐部的资格

想要成立或加入思考俱乐部，只有一个要求，那就是有足够的动力。你必须对思考感兴趣，并且希望采取一些行动。

有很多组织机构，如果你想加入就必须具有相应的学位、证书或达到某一智商水平。但思考俱乐部不是这样，只要有足够的动力，任何人都可以加入。其实，这样的门槛反而很高，因为很少有人有十足的动力。

很多人自称对思考感兴趣，但为此付出的行动却不多。我们可以通过两个非常实际的点来测试一下你是否真的有动力。一是这项兴趣的“现金价值”：你愿意每周为这项兴趣花费一支香烟的价格吗？如果是一包香烟的价格呢？如果是一顿饭或者一次娱乐活动的价格呢？大家可以通过这种方式测试一下自己的动力。

第二种测试动力的方法是评估兴趣的“优先价值”：这种兴趣是否排在其他事情前面？你是否会定期参加思考俱乐部的活动，还是只有在无事可做的时候才去？通过上述两个方法，我们发现，虽然动力是一个向所有人开放的条件，但它其实是一个相当难以达到的资格。

我们开设思考俱乐部的目的是提供一个场所，方便人们在这里享受和练习思考。有一个这样的正式的场所是很有必要的，每一个来到这里的人都目标明确，清楚地知道自己要做些什么，否则他们就不会来这了。

思维类型

在思考俱乐部中使用的思维类型与在本书中讨论的非常相似。它具有以下特点：

它更像是一种智慧而不是一种聪明，是一种加强版的思考能力，而不是对智力水平吹毛求疵。我们更加强调思考产生的实际影响,即你是否将思考付诸实践（体现了“操作技能”这一概念）。与之相对的是无效思考。

思考者的目的不是证明自己是对的，别人是错的。思考俱乐部不是争论、捍卫偏见和观点的地方，它是一个对主题进行开放性探讨和客观评估的地方。思考俱乐部的服务人群是想要进行探索式思考的人，而不是想要展示自己多么正确、多么聪明的人。这一点需要再次强调。

思考的重点应放在感知上，即我们看待事物的方式，而不是放在处理数学计算或其他复杂的程式上。

思考应该是中立而客观的。思考俱乐部并不是为了推动任何政治或宗教观点而存在的。

思考应该是充满积极性和建设性的。消极思维是思考的一部分，但它应该排在积极性和建设性思考的后面。在思考俱乐部中，我们并不欢迎批评别人的行为。

幽默感也很重要。思考为什么必须要那么庄重呢？即使讨论严肃的话题，思考也不必那么沉重。

思路清晰明了也很重要。思考应该以尽可能清晰的方式表达，我们不鼓励为了复杂而复杂的行为。

傲慢是最不可取的。

最重要的是，成立思考俱乐部是为了提高和享受思考技能。我们要客观地看待这项技能，不把它与个人的胜负欲混为一谈。

思考分为两种类型。一种是关于话题本身的思考，另一种是关于我们如何思考的思考（往往涉及价值、偏见、阻碍、思路匮乏等）。我们通过回顾自己的思考过程，提高我们的思考技能，就像是高尔夫球手或滑雪者反思自己的表现一样。

活动

思考俱乐部的目的是为大家提供一个思考的场所和框架，使人们可以享受、练习、提高和应用思考技能。思考俱乐部的活动包括三个阶段：

1. 学习基本的思考技能。
2. 练习这些技能。
3. 应用这些技能。

俱乐部的初级活动主要是学习基本的思考技能，目的是让大家能够有意识地使用它们。思考和讨论某个主题并不能学会如何思考，我们需要关注思考技能本身。当大家掌握了一定的思考技能之后，我们可以将这些技能应用于解决实际问题，比如当前的社会问题、个人问题、商业设计等。一本书、一篇文章或者一个电视节目也可以成为思考的主题。俱乐部成员可以将个人问题或者业务问题带到这里，大家群策群力。我们的思考可能会围绕如何规划和执行某项任务而展开。需要牢记的是，我们必须重视思考的“实际效果”，即一定要落实到具体行动上。当然，这种应用要在大家掌握了思考技能之后再进行，是后期我们要做的事情，不能在尚未掌握技能时过早地应用。

正式性与纪律性

我非常看重思考俱乐部的纪律性，这一点可能出乎你的意料。我推崇自由探索式的思考，反对恪守成规，似乎是个不太重视纪律的人。事实恰恰相反，正因为不设置正确答案和固定观念，我们才必须有强烈的纪律性。没有这样的纪律，我们的思考就会变得混乱不堪。就像在芭蕾舞或体育训练中一样，严明的纪律可以推动事情的进展。正是思考纪律的约束赋予思考内容以自由。

时间纪律很重要。如果一次会议需要持续 1 小时，那么它应该在 1 小时的时候刚好结束。如果要思考一个问题需要 3 分钟，那么我们应该在 3 分钟结束时停止思考。正如我在前文中提到的，这种时间纪律实际上赋予了我们极大的自由。我们可以全心全意地专注于一个问题，我们的思考是在有限的时间内进行的，不需要持续到问题解决为止。

纪律和程序比热情更靠得住。热情取决于当下的心情，来来去去并无定式。纪律可以在热情退却后依然维持事物的运转。此外，正式的纪律可以将我们的思考引导到主题上，而不是关注程序本身。

希望我对纪律的强调能让大家明白纪律的重要性。多年来的经验表明，纪律在提高思考技能的过程中至关重要。没有了纪律，思考俱乐部就无法发挥其作用。比如，活动时间需要提前设定（例如每月的第一个和第三个星期一），否则如果大家全凭心情，就没有人会认真对待了。

组织构成

组织构成包括成员组成、活动地点、活动时间、活动议程、沟通等。

成员组成：一个思考俱乐部由 6 名正式成员组成，可以允许部分非正式成员参加。如果正式成员没有定期参加活动（正式成员应至少参加 3/4 的活动），那么将由非正式成员取代他的位置。当非正式成员超过 6 人时，可以另行组建一个 6 人思考俱乐部。俱乐部在成立的过程中可能会有临时状态，比如在成立之初成员可能少于 6 人。之所以将人数定为 6 人是因为这样的人数最适合练习思考技能。这 6 个人可以作为一个小组，也可以分为两个 3 人小组。

组织者和主持人：组织者是活动的总负责人，并兼任主持人。组织者负责确保活动顺利进行，掌控活动期间发生的事情。组织者应该是一个专业能力强并且善于沟通和执行的人。一个只有魅力而没有能力的人无法胜任这一职位。组织者可以委派以下人员：计时员、记录员和通讯员。组织者负责俱乐部的整体运作，这一岗位最好不要轮值。如果其他成员有足够的能力和强烈的个人意愿希望成为组织者，那么担任这一角色的人可以每 6 个月更换一次。需要注意的是，组织者不能是一位不愿意或者没有能力承担这一职责的人。此外，需要有一名替补组织者，以防组织者生病或因故无法参加活动。

计时员：这是一个非常重要的角色，计时必须保证准确无误，时间截止要干脆利落。讨论必须准时开始，并且准时结束，即使你们的讨论兴致正浓。计时员还要记录每个实践活动的用时。许多电子手表都有秒表功能可供使用。如果计时马马虎虎，那么很快成员都会进入一种马马虎虎的状态，不再专注于思考。

记录员：记录员的任务是为每次活动撰写总结报告，形成日志。记录员需要具备一定的写作技巧。报告应语言简洁，重点突出，字数控制在 300 ~ 500 字之间。

通讯员：通讯员负责提醒成员下次活动的时间，如果成员无法按时参加，必须及时告知通讯员。

活动地点：理想的活动地点是在家中。酒吧太过于随意。活动的时间和地点应该始终相同，不建议更换地点。如果主要活动地点临时不可用，可使用备用地点。

活动频率：活动频率最好是每两周一次。每周一次太频繁，每月一次又太少。活动日期应该提前确定并且是可预测的（例如每月的第一个和第三个星期一）。活动时间不可能让所有人都满意，这很正常。此外，需要考虑到节假日放假休息等。

活动时间：前 4 次活动每次不超过 1 小时，接下来的 4 次活动应持续一个半小时，之后的活动可以持续 2 小时。在规定时间截止后，即使成员想要继续留下来闲谈，也应该停止对主题的探讨。如果讨论和思考进行得非常顺利，人们通常会有继续聊下去的意愿。这种情况应该尽量避免，因为这会把重点从提升思考技能转移到寻找解决方案上，改变了活动的性质。

活动日志：每个思考俱乐部都应有一本日志，将每次活动形成报告记录在日志上。记录内容包括时间、地点、出席人员、活动议程和思考过程。

活动内容：假设思考俱乐部中的所有成员都已经读过这本书，我们将不必一一解释各种概念。那么我们来看一下标准的活动内容应该是怎样的。

接下来我将提供两个活动示例的一般议程。

关于会议内容，有两点很重要。第一，我们最初的活动重点要放在掌握和实践基本思考技能上。如果一开始做得太多，往往会顾此失彼，导致大家陷入无意义的争论，破坏活动气氛。第二，在选择主题时，严肃的主题和有趣的主题应该尽量在数量上保持平衡。人们往往认为思考是“严肃而沉重”的，这是一种误解。相比严肃的主题，轻松有趣的主题更便于展开练习，因为在探讨严肃的主题时，人们往往只是重复自己的偏见和固有观念，很难进行开放式的思考。我们可以先用轻松的主题让大家打开心态，建立对思考的信心。有趣和严肃的主题可以各占一半，最好是 3∶1（至少在初期应该是这样的）。

活动示例 1

以下是本次活动议程的示例。

1. **主题：**组织者说明本次活动的主题是掌握 PMI 技能，并重申了 PMI 的内涵：加分点、减分点和有趣的点。

时间：2 ～ 3 分钟。

2. **练习1：**6 人一组合作完成。加分点 2 分钟，减分点 2 分钟，有趣的点 2 分钟。由计时员计时。

主题：人们应该佩戴显示自己心情的徽章。

时间：6 分钟。

（注意，6 人整体一组时，不需要设置反馈时间。）

3. **练习2：**6 人分为两组，每组 3 人。两组间隔一段距离，以便各自进行讨论。每组都要完成 PMI 的整个过程，每部分用时 2 分钟。计时员负责计时，并告知成员何时进入下一环节。6 分钟结束时，两组汇合，依次反馈成果。这是“反馈”部分。

每组至少有一人进行简要记录。

主题：我们的后脑勺也应该长有眼睛。

思考时间：6 分钟，反馈时间：4 分钟，总时长：10 分钟。

4. **练习 3：**每人只做其中的一个部分（P、M 或 I）。成员单独思考 2 分钟。

主题：人们应该训练看门犬在有人入室盗窃时悄悄按下报警按钮，而不是汪汪直叫。

2 分钟结束后，两组汇合，每人依次给出反馈。

思考时间：2 分钟，反馈时间：4 分钟。

5. **练习 4：**6 人分为两组，每组 3 人。每组都要完成 PMI 的整个过程。每部分 2 分钟，计时员负责计时，并告知成员何时进入下一部分。6 分钟结束时，两组汇合，依次反馈成果并进行比较。

主题：每一个年轻人在毕业后都应该花一年时间进行“国家服务”，包括社区服务、医院工作、教学工作等。

思考时间：6 分钟，反馈时间：5 分钟，总时长：11 分钟。

6. **讨论环节：**可围绕以下方面进行讨论，也可从本书的相关章节中选取讨论点：

PMI 有何价值？

什么时候使用 PMI 效果最好？

进行 PMI 时需要注意哪些问题？

一开始是否觉得 PMI 太过正式，有些不适应？

对于严格将时间控制在较短范围内是否感到别扭？

思考“有趣的点”时会遇到什么困难？

总时长：10 分钟。

7. **练习5**：6人一组合作完成。每部分2分钟，计时员负责计时。

主题：在选举中，每个人都应该有两票，其中一票是反对票，投给不支持的候选人。

时间：6 分钟。

8. **练习储备**：每个人花 3 分钟写下可供将来练习的主题，既包含有趣的主题，也包含严肃的主题。记录员将其收集起来进行储备。

思考时间：3 分钟，反馈时间：4 分钟，总时长：7 分钟。

9. **活动结束**：提醒下次活动的时间，活动内容是掌握 APC 技能。成员提前阅读本书相关章节。

时间：1 分钟。

活动总时长：60 分钟。

活动总时长应保持在 60 分钟以内。如有必要，可以缩短每部分的思考时间（在练习中甚至可以将思考时间缩短到 1 分钟），也可以缩短“练习储备”环节的时间甚至略过这一环节。重要的是要保持整个活动的总时长不变。延长活动时间会让大家陷入无意义的闲聊。

活动结束后，成员可能会留下来聊天，但此时不可以继续讨论思考技巧或相关话题。后期的活动时长会延长至 2 小时，但在初期阶段我们只需要 1 小时。

活动示例 2

以下是本次活动议程的示例。

1. **主题：**组织者说明本次活动的主题是掌握 APC 技能，即替代方案、可能性和选择。活动的重点是生成替代方案，比如对事物的不同看法、解决问题的不同方案。

时间：2~3 分钟。

2. **练习 1：**每人独自思考，为以下主题提供替代解释，用时 2 分钟。2 分钟结束后，大家依次反馈自己的解释，并进行比较。

主题：清晨，花园里有一个女人在埋三只红袜子，每只单独埋在一个洞里。对此可以给出哪些解释？

思考时间：2 分钟，反馈时间：4 分钟，总时长：6 分钟。

3. **练习 2：**6 人分为 3 组，每组 2 人。每组思考 3 分钟，以尽可能多的方式完成给定任务。3 分钟结束后，小组汇合，比较方案。

主题：如何测量一个人在 24 小时内饮用的液体量？

思考时间：3 分钟，反馈时间：4 分钟，总时长：7 分钟。

4. **练习 3：**6 人坐在一起，组织者依次询问每位成员的替代方案。如果被问到的人找不到替代方案，他可以说“放弃”，下一个人继续。当连续 3 人以上无法给出替代方案时，该问题向所有成员开放，大家可以自由给出替代方案，不再拘泥于顺序。

主题：找到节约能源的一般方法（这里的能源指需要付费的能源）。

时间：最多 8 分钟，时间一到立即停止。

5. **练习 4：**6 人分为两组，每组 3 人。两组分别思考有哪些行动方案，用时 3 分钟。3 分钟结束后，两组汇合，比较各自的行动方案。

主题：父亲发现 18 岁的儿子为了还债卖掉了家里的汽车。儿子透露了买家是谁。父亲可以采取哪些行动方案？

思考时间：3 分钟，反馈时间：4 分钟，总时长：7 分钟。

6. **讨论环节：**可以就本书相关章节中提到的点进行讨论，也可以参考以下方面：

什么情况下需要寻找替代方案，什么情况下不需要？

不停寻找替代方案有什么弊端？

为什么有时很难找到替代方案？

是否应该列出所有替代方案，甚至是不太可行的方案？

如何将替代方案大致进行分组？替代方案应该都指向同一方向，还是各自指向不同方向？

总时长：10 分钟，时间一到立即停止。

7. **练习 5：**6 人一组合作完成。成员独立思考 2 分钟，为主题中列出的每一件物品找出一个替代物。替代物的功能必须与原物保持一致。2 分钟结束后，组织者逐一询问每位成员的结果。

主题：梯子、杯子、狗、钥匙、窗户的替代物。

思考时间：2 分钟，反馈时间：4 分钟，总时长：6 分钟。

8. **练习6：**6 人一组合作完成。提出解决问题的替代方案，然后将这些方案大致分类。

主题：如何解决街头犯罪增加的问题？方案不一定要完全解决问题，可以是暂时应对或看待问题的方法。

时间：7 分钟。

9. **练习储备：**每人用时3分钟写下可以练习 APC 技能的主题，既包含有趣的主题，也包含严肃的主题。大家对这些主题进行讨论，记录员将其收集起来进行储备，供将来使用。

思考时间：2 分钟，反馈时间：2 分钟。

10. **会议结束：**预告下次活动的时间和主题。

与前面相同，即使缩短每个环节的时长，也必须坚持活动总时长不变的原则。要特别注意反馈环节不允许超时。如果时间不够，可以略过“练习储备”环节。

要避免的事

经验表明，以下情况往往会破坏思考俱乐部的活动，虽然这些事情起初似乎很吸引人：

- 缺乏时间约束，讨论超时，变得越来越“有趣”。
- 没有使用当前正在练习的思考技能，只是泛泛而谈。
- 陷入充满胜负欲的争论，渴望证明自己是对的，对方是错的。
- 思考的主题始终都严肃而沉重，并固守成见，不停地列举事实。
- 没有意识到练习“有趣”的主题有助于提高思考技能。
- 太过激进，过早地将未完全掌握的思考技能应用于“真实案例”或解决成员的个人问题。我们的思考俱乐部最终会实现这一目标，但还需要一段时间的积累。
- 成员普遍懒散松懈，藐视纪律和程序。
- 在主题上陷得太深，而不是将其视为一个练习。
- 只看到了主题，没有注意到运用的思考技能。
- 组织者不力，或尝试轮值，然后遇上了不称职的组织者。
- 缺乏幽默感。
- 有政治或意识形态偏见。

只要保持高度专注、严格遵循程序和时间约束，以上情况都能避免。我们要避免无意义的发言以及傲慢自大，同时注重发挥成员的主观能动性。如果某一成员没有足够的动力来参加活动，就可以将他从俱乐部中剔除。

关于作者

在很多人心中，爱德华·德博诺是世界上教授思维技能的权威，30 多年以来，他一直是“关于思考的思考”的先锋，著有 60 余本关于思考的书，被译为 27 种语言，包括汉语、希伯来语、阿拉伯语、印尼语、韩语、斯洛文尼亚语等。他的课程受众广泛，从南非村庄到美国弗吉尼亚州的诺福克学院遍布他的学员。

他的思考方法受到世界许多领先企业的青睐。他成立了国际创意论坛，该论坛的成员是各领域的龙头企业（如 IBM、杜邦、雀巢、英国航空等），还在纽约创办了国际创意办公室，并受邀在 51 个国家进行演讲。

德博诺教授曾获得牛津大学罗德奖学金，并任教于牛津大学、剑桥大学、伦敦大学、哈佛大学等高校。他拥有医学和心理学背景，是“水平思考”一词的提出者，该词现收录在《牛津英语词典》中。他还是经典的 L 游戏的发明者，据说这是有史以来最简单的游戏。这款游戏是基于已故的剑桥大学教授利特尔伍德发起的挑战开发出来的，他是英国最伟大的数学家之一。